信息技术应用新形态系列教材

全彩
微课版

Photoshop CS6
图像处理应用教程
从入门到精通

◆ 刘婕 陶诚 主编
◆ 陈小欣 张超 谢芳 副主编

人民邮电出版社
北 京

图书在版编目（CIP）数据

Photoshop CS6图像处理应用教程：全彩微课版：从入门到精通 / 刘婕，陶诚主编. -- 北京：人民邮电出版社，2022.8

信息技术应用新形态系列教材

ISBN 978-7-115-58797-8

Ⅰ. ①P… Ⅱ. ①刘… ②陶… Ⅲ. ①图像处理软件－高等学校－教材 Ⅳ. ①TP391.413

中国版本图书馆CIP数据核字（2022）第038507号

内 容 提 要

本书从 Photoshop CS6的工作界面讲起，循序渐进地解读了 Photoshop CS6的核心功能及用法，包括走进 Photoshop 的世界、Photoshop 的基本操作、图层的应用、文字的创建与编辑、选区的应用、图像的调整、绘图工具的应用、路径与矢量绘图、蒙版与通道、滤镜的应用、动作的应用，以及综合设计实训等内容。全书按照"功能应用+课堂练习+综合实训"的结构进行编写，对功能的讲解主要通过不同难度的案例展开，以帮助读者在轻松掌握 Photoshop CS6各种功能、用法的同时，体会设计的理念与精髓，案例内容涉及海报设计、杂志设计、包装设计、网店主图设计、摄影后期处理等。

本书提供丰富的数字化配套教学资源，包括教学大纲、教学 PPT、电子教案、课后习题答案、题库与考试系统、素养课堂教学设计、案例素材与效果文件、微课视频等，用书教师可到人邮教育社区（www.ryjiaoyu.com）免费下载使用。

本书可作为高等院校电子商务、数字媒体、网络新媒体等相关专业的教材，也可作为各类社会培训学校的配套教材，还可作为 Photoshop CS6图像处理初学者的自学读物。

◆ 主　　编　刘　婕　陶　诚
　　副主编　陈小欣　张　超　谢　芳
　　责任编辑　孙燕燕
　　责任印制　李　东　胡　南

◆ 人民邮电出版社出版发行　　北京市丰台区成寿寺路 11 号
　　邮编　100164　　电子邮件　315@ptpress.com.cn
　　网址　https://www.ptpress.com.cn
　　北京天宇星印刷厂印刷

◆ 开本：700×1000　1/16
　　印张：13.5　　　　　　　　2022 年 8 月第 1 版
　　字数：269 千字　　　　　　2025 年 1 月北京第 6 次印刷

定价：69.80 元

读者服务热线：**(010) 81055256**　印装质量热线：**(010) 81055316**
反盗版热线：**(010) 81055315**
广告经营许可证：京东市监广登字 20170147 号

前言
PREFACE

Adobe Photoshop，简称"PS"，是由 Adobe 软件公司开发和发行的一款应用性非常广泛的图像处理软件。该软件深受从事平面设计、网页设计、UI 设计、摄影后期处理、手绘插画、服装设计、网店美工及创意设计等工作的广大设计人员和业余设计爱好者的喜爱。本书为零基础读者学习Photoshop 软件的教学书，以 Photoshop CS6 为核心软件进行讲解，力求理论与实践的结合，由浅入深地讲解 Photoshop CS6 的功能及用法，帮助读者快速掌握图像处理的相关技能。

近年来，我国许多高等院校电子商务、数字媒体艺术、数字媒体技术、网络新媒体、动画设计、工业设计等专业都将 Photoshop 图像处理作为重要的专业课程。为了帮助院校教师全面、系统地讲授这门课程，便于学生熟练使用 Photoshop CS6 进行设计，我们与多位长期从事 Photoshop 教学的一线名师合作编写了本书，其主要特色如下。

（1）结构清晰，强化实践。本书按照"功能应用 + 课堂练习 + 综合实训"的结构编写，层次清晰明了；每章设置的课堂练习板块，提供相应功能的操作步骤，可加深读者对于软件功能的理解，训练读者的实践动手能力。

（2）案例丰富，针对性强。本书选取了大量有针对性且实用的案例，并且针对教学需要打磨案例内容，案例讲解力求重点突出且细致深入。

（3）模式创新，满足实际需求。本书对 Photoshop 功能的讲解模式进行了创新，即站在设计师的角度介绍 Photoshop 的功能，将软件功能和商业案例紧密结合，让读者完成功能与设计需求的对接，以此提高其从业技能。

（4）配套资源丰富。为方便教师教学，本书提供丰富的数字化教学配套资源，包括教学大纲、教学 PPT、电子教案、课后习题答案、题库与考试系统、素养课堂教学设计、案例素材与效果文件、微课视频等，用书教师可到人邮教育社区（www.ryjiaoyu.com）免费下载使用。

（5）贯彻立德树人理念，强化综合素质培养。本书深入贯彻落实立德树人理念，每章设置"素养课堂"模块，从德、智、体、美等多层次培养读者的综合素养，深化读者对图像处理职业道德、职业素养、职业规范的理解。

本书由刘婕、陶诚两位老师担任主编，陈小欣、张超、谢芳担任副主编。尽管编者在编写本书的过程中力求精益求精，但由于水平有限，书中难免存在疏漏和不妥之处，恳请广大读者批评指正。

编者

目录
CONTENTS

I

第1章

走进Photoshop的世界

本章内容导读

本章主要讲解 Photoshop 的基础知识，让读者熟悉 Photoshop 的工作界面，为掌握 Photoshop 的应用做好准备。

掌握重要知识点

● 熟悉 Photoshop 的菜单栏、工具箱、面板等工作界面。

● 了解像素、分辨率的概念及图像的两种类型（位图与矢量图）。

学习本章后，读者能做什么

通过本章的学习，读者能初步了解Photoshop的相关知识，选择适合自己的工作区。

 初识 Photoshop

Photoshop是什么？

Photoshop，全称为 Adobe Photoshop ，是由 Adobe Systems Incorporated 开发和发行的图像处理软件，也就是大家常挂在嘴边的 "PS"。本书以 Adobe Photoshop CS6 版本为主，后文提及的 "Photoshop"，若无特别说明，均指 "Adobe Photoshop CS6"。

Photoshop能做什么？

Photoshop 是各类计算机图像设计人员的必备软件，设计人员使用它可以完成广告设计、书籍装帧设计、产品包装设计、网店主图设计、UI 设计、创意合成设计、插画设计、服装设计等方面的工作。

1.2 熟悉 Photoshop 的工作界面

Photoshop 的工作界面包括菜单栏、文件窗口、标题栏、状态栏、工具箱、工具选项栏和面板等区域，如图 1-1 所示。熟悉这些区域的结构和基本功能，可以让操作更加快捷。

图 1-1

1.2.1 菜单栏

Photoshop 的菜单栏包含 11 个菜单，如图 1-2 所示，基本整合了 Photoshop

中的所有命令，通过执行这些菜单中的命令，我们可以轻松完成文件的创建和保存、图像大小修改、图像颜色调整等操作。单击菜单栏中某个选项，即可打开相应的下拉菜单；每个下拉菜单中都包含多个命令，部分命令的右侧带有黑色小三角标记，这表示该命令是一个命令组，其中隐藏多个子命令，单击各个子命令即可执行相应操作。

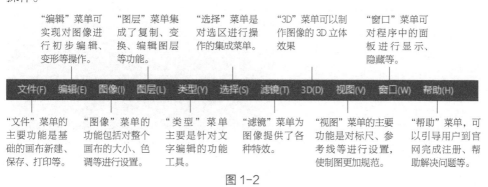

"编辑"菜单可实现对图像进行初步编辑、变形等操作。

"图层"菜单集成了复制、变换、编辑图层等功能。

"选择"菜单是对选区进行操作的集成菜单。

"3D"菜单可以制作图像的3D立体效果

"窗口"菜单可对程序中的面板进行显示、隐藏等。

文件(F) 编辑(E) 图像(I) 图层(L) 类型(Y) 选择(S) 滤镜(T) 3D(D) 视图(V) 窗口(W) 帮助(H)

"文件"菜单的主要功能是基础的画布新建、保存、打印等。

"图像"菜单的功能包括对整个画布的大小、色调等进行设置。

"类型"菜单主要是针对文字编辑的功能工具。

"滤镜"菜单为图像提供了各种特效。

"视图"菜单的主要功能是对标尺、参考线等进行设置，使制图更加规范。

"帮助"菜单，可以引导用户到官网完成注册、帮助解决问题等。

图 1-2

1.2.2　文件窗口、标题栏与状态栏

文件窗口是显示和编辑图像的区域。

标题栏显示文件名称、文件格式、窗口缩放比例和颜色模式等信息。如果文件中包含多个图层，则标题栏还会显示当前工作的图层的名称；打开多幅图像时，窗口中只会显示当前图像；单击标题栏中的相应标题即可显示相应的图像。

状态栏位于文件窗口的底部，可显示文件大小、文件尺寸和窗口缩放比例等信息。其左部显示的参数代表图像在窗口中的缩放比例。

1.2.3　工具箱与工具选项栏

Photoshop 的工具箱包含了用于创建和编辑图形、图像、图稿的多种工具。默认状态下，工具箱文件在窗口左侧。

把鼠标指针移动到一个工具上停留片刻，系统就会显示该工具的名称和快捷键信息，如图 1-3 所示。

单击工具箱中的工具按钮即可选择该工具，如图 1-4 所示；工具箱中部分工具的右下角带有黑色小三角标记，这表示该工具是一个工具组，其中隐藏了多个子工具，在这样的工具按钮上单击鼠标右键即可查看其子工具，将鼠标指针移动到某子工具上并单击，即可选择该工具，如图 1-5 所示。

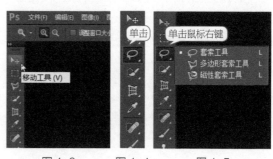

图 1-3　　图 1-4　　图 1-5

> **提示**
>
> 　　如果在工具箱中找不到需要的工具，可以将鼠标指针放到工具箱中的 ┈ 按钮上，长按鼠标左键或单击鼠标右键，即可查看隐藏的工具。

　　使用工具进行图像处理时，工具选项栏中会出现当前所用工具的相应选项，这些选项会因所选工具的不同而不同，用户可以根据自己的需要在其中设置相应工具的参数。以套索工具为例，选择该工具后，在工具选项栏中显示的选项如图 1-6 所示。

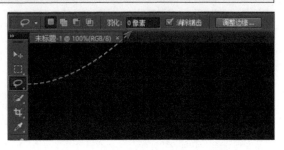

图 1-6

1.2.4　面板

　　面板主要用来辅助图像的编辑、对操作进行控制以及设置参数等。Photoshop 中共有 20 多个面板，在菜单栏的"窗口"菜单中可以选择需要的面板并将其打开，也可以将不需要的面板关闭，如图 1-7 所示。

　　常用的面板有"图层"面板、"通道"面板、"路径"面板。默认情况下，面板以选项卡的形式出现，并位于文件窗口右侧。

图 1-7

　　用户可以根据需要展开、关闭面板，如图 1-8 所示。

　　用户还可以根据需要进行自由组合和分离面板。将鼠标指针停留在当前面板的标签上，在面板标签上按住鼠标左键并将其拖动到目标面板的标签栏旁，可以将其与目标面板组合；采用同样的方法也可以进行分离面板操作。图 1-9 所示为将"调整"面板和"属性"面板分离，将"调整"面板移到"路径"面板（目标面板）右边，将"调整"面板与"图层"面板、"通道"面板、"路径"面板进行组合。

图 1-8

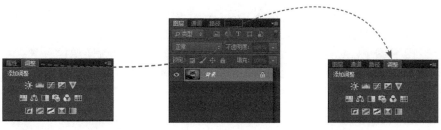

图 1-9

提示

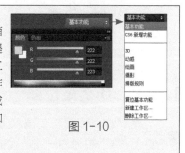

在Photoshop的工作界面中，菜单栏、文件窗口、工具箱和面板等统称为工作区。Photoshop根据不同的制图需求，提供多种工作区，如基本功能、绘画、摄影等工作区。单击工作界面右上角的████按钮，可以在弹出的子菜单中切换工作区，如果用户在操作过程中移动了工具箱、面板的位置（或关闭了工具箱、面板），执行该操作可以复位当前工作区，如图1-10所示。

图 1-10

1.3 图像的基础知识

计算机中的图像主要分为两类，一类是位图，另一类是矢量图。Photoshop 主要用于位图的编辑，但也包含用于编辑矢量图的工具。

图像质量的好坏与图像像素和分辨率的大小息息相关。同样大小的图像，其像素点越多，分辨率就越高，图像就越清晰。

1.3.1 像素与分辨率

单位长度内，容纳的像素越多，图像质量越高；反之，容纳的像素越少，图像质量越低。单位长度内容纳的像素的数量，就是一幅位图的分辨率。分辨率的单位通常为像素／英寸（ppi），如72像素／英寸表示每英寸（无论水平还是垂直）包含72个像素点，如图1-11所示。

因此，分辨率决定了位图图像的精细程度。像素点越多（密），分辨率越高，颜色越丰富，图像越细腻，越能展

1英寸（1英寸≈2.54厘米）水平长度内72个像素点

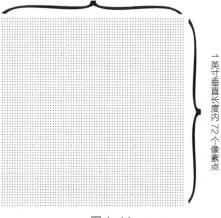

1英寸垂直长度内72个像素点

图 1-11

现更多细节和更细微的颜色过渡效果；反之，像素点越少（疏），分辨率越低，颜色越匮乏，图像越粗糙，越缺少细节和颜色过渡效果。

图1-12～图1-14所示为相同打印尺寸但分辨率不同的3幅图像，从图中可以看到：低分辨率的图像有些模糊，高分辨率的图像十分清晰。

分辨率为25像素/英寸（模糊）　　　分辨率为50像素/英寸（稍微模糊）　　　分辨率为300像素/英寸（清晰）

　　　　图1-12　　　　　　　　　　图1-13　　　　　　　　　　图1-14

1.3.2　什么是位图

位图又称点阵图（在技术上称作栅格图像），整个图像由一个一个的"点"组成，当放大到一定程度时，画面会变模糊或出现马赛克，这时我们就会发现图像是由一个个小方块组成的，这些小方块就是像素（又称像素点），每一个像素都有特定的位置和颜色值，它们是组成位图最基本的元素，如图1-15所示。

图1-15

1.3.3　什么是矢量图

矢量图又称矢量形状或矢量对象，它是由直线和曲线连接构成的。每个矢量图都自成一体，具有颜色、形状、轮廓和大小等属性。矢量图的主要特点：图形边缘清晰锐利，并且矢量图无论放大多少倍，都不会变模糊，但颜色的使用相对单一，如图1-16所示。

图1-16

由于Photoshop主要用于位图的编辑，因此本书大部分章节是针对位图的内容，但第8章涉及矢量图的编辑内容。

1.3.4　位图与矢量图的区别

区分位图与矢量图对后续学习非常重要，如在什么场景下使用它们、缩放时是否影响图像的品质、是否会占用很大的存储空间等。很多初学者分不清位图与矢量图，下面就以表格的形式对比分析一下位图与矢量图，以帮助读者理解并识别位图与矢量图，明白它们之间到底有什么区别，如表1-1所示。

表1-1

类别	色彩表现	应用场景	缩放效果	占用存储空间	格式转换	软件及格式
位图	色彩丰富细腻	相机拍摄的照片、扫描仪扫描的图片，以及手机拍摄的照片，画册、网页图片制作等	位图包含固定数量的像素，强行增大位图的尺寸，只能将原有的像素变大以填充多出的空间，而无法生成新的像素，放大后画面会变模糊	位图在存储时需要记录每一个像素的位置和色彩信息，色彩信息量越多，占用空间越大，图像越清晰	位图想要转换为矢量图需要经过复杂的处理，而且生成的矢量图的质量也会受一定的影响	位图的格式很多，如JPG、TIF、BMP、GIF、PSD等
矢量图	色彩单一	标志、UI、插画以及大型喷绘制作等	将它缩放到任意大小都不会影响清晰度	矢量图是软件通过数学的向量方式进行计算得到的图形，它与分辨率没有直接关系，占用的存储空间要比位图小很多	矢量图可以轻松转换为位图	矢量图的格式也很多，如Adobe Illustrator的AI、EPS和SVG、CorelDRAW的CDR、AutoCAD的DWG和DXF等

素养课堂

Photoshop学习技巧

  Photoshop图像处理是一项实践性和操作性很强的技能，非常注重细节，同学们在实践时会出现花了很多功夫但效果却不理想的情况。同学们不要灰心，从实例中归纳总结，通过上机操作，手、眼、脑、心并用，激发好奇心和求知欲望，更深刻地钻研知识、理解知识、运用知识，进而发现问题、解决问题，培养创新能力和耐挫折能力。

📈 课后练习

一、选择题

  1.图像的分辨率为300像素/英寸，则每平方英寸上分布的像素总数为（ ）。

   A.600   B.900   C.60000   D.90000

2.用在网页上的图片格式一般是（　　）格式。

A. JPEG　　　　　B. TIF　　　　　C. GIF　　　　　D. PNG

3.以下不是位图格式的是（　　）。

A. TIF　　　　　B. AI　　　　　C. PNG　　　　　D. GIF

4.图像分辨率的单位是（　　）。

A. DPI　　　　　B. PPT　　　　　C. PPI　　　　　D. PIXEL

二、判断题

1.图像的分辨率是指图像单位长度内的像素个数。（　　）

2.计算机中的图像主要分为位图和矢量图，Photoshop 主要用于位图的编辑。
（　　）

3.在 Photoshop 中，"面板"可以自由组合和分离。（　　）

三、简答题

1.简述计算机中图像的分类及其特点。

2.简述什么是分辨率。它的重要作用是什么？

3.简述位图与矢量图的区别。

四、操作题

使用所学内容，创建适合自己的工作区。

第2章

Photoshop的基本操作

本章内容导读

本章主要讲解 Photoshop 的基本操作，如修改图像大小、修改画布大小、旋转画布、操作的还原与重做、文件的恢复等。

掌握重要知识点

- 掌握"新建""打开""存储"命令的使用方法。
- 掌握图像、画布的基本修改方法。
- 掌握"还原"与"重做"命令。

学习本章后，读者能做什么

通过学习本章内容，读者能够根据需要调整图像的尺寸，扩大或缩小画布，还可以将图像编辑过程中出现的错误操作或没有达到预期效果的步骤进行撤销，方便继续操作。

2.1 文件的基本操作

　　读者在熟悉 Photoshop 的工作界面后，就可以开始学习 Photoshop 的功能了。本节将介绍文件的基本操作：新建文件、打开文件、保存文件、保存格式的选择与关闭文件。

2.1.1　新建文件

　　启动 Photoshop 进入开始界面后，此时界面一片空白。要进行作品的设计制作，首先要新建一个文件。

　　执行菜单栏中的"文件">"新建"命令，在"新建"对话框中，可以使用（❶）从预设中新建文件或（❷）自定义新建文件两种方式，如图 2-1 所示。

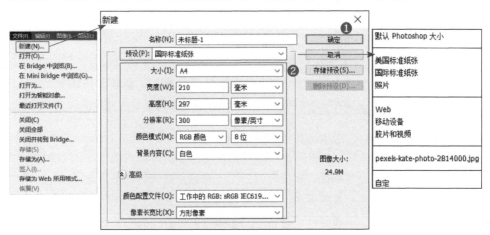

图 2-1

1. 从预设中新建文件

　　Photoshop 根据不同的应用领域，将常用尺寸进行了分类，包括"美国标准纸张""国际标准纸张""照片""Web""移动设备""胶片和视频"，用户可以根据需要在预设中选择合适的尺寸。选中合适的尺寸后，自定义创建区会显示该预设尺寸的详细信息，单击"确定"按钮即可新建文件。

2. 自定义新建文件

　　如果在预设中没有找到合适的尺寸，用户就需要自己设置，根据文件用途确定大小、分辨率和颜色模式（关于颜色模式的详细内容见6.1节）等。在"新建文档"对话框中，可以进行"宽度""高度""分辨率"等参数的设置，如图 2-2 所示。

图 2-2

名称　在该选项中可以输入文件的名称，默认文件名称为"未标题 –1"。新建文件后，文件名称显示在文件窗口的标题栏中。

宽度 / 高度　用于设置文件的宽度 / 高度，在宽度数值的右侧下拉列表中可以设置单位，如图 2-3 所示。一般若文件用于印刷选用"毫米"，用于写真、喷绘选用"厘米"，用于网页设计选用"像素"。

图2-3

分辨率　用于设置文件的分辨率，在其右侧的下拉列表中可以选择分辨率的单位为"像素 / 英寸"或"像素 / 厘米"，一般选择"像素 / 英寸"。通常情况下，分辨率越高，图像就越清晰。但也并不是所有场合都需要使用高分辨率，因此，在不同情况下需要对分辨率进行不同的设置。这里介绍一些常用分辨率的设置。例如，图像用于屏幕显示、照片冲印，将分辨率设置为 72 像素 / 英寸即可，这样可以减小图像文件，加快上传和下载的速度；喷绘广告的面积若在 1 平方米以内，图像分辨率一般设置为 70~100 像素 / 英寸，巨幅喷绘广告的分辨率可设置为 25 像素 / 英寸；用于印刷的图像的分辨率一般设置为 300 像素 / 英寸，若为高档画册，则分辨率可设置为 350 像素 / 英寸。

颜色模式　在该选项中可以设置文件的颜色模式，共有 5 种颜色模式可供选择，通常情况下选择"RGB 颜色"模式或"CMYK 颜色"模式。一般文件用于网页显示、屏幕显示、冲印照片时使用"RGB 颜色"模式，用于室内写真机、室外写真机、喷绘机输出或印刷时则使用"CMYK 颜色"模式。

背景内容　在该选项中可以设置文件的背景颜色，包括"白色""黑色""背景色""透明""自定义"。"白色"为默认颜色，"背景色"是指将工具箱中的背景色用作背景图层的颜色，"透明"是指创建一个透明背景图层。

　　除了可以在菜单栏中执行"文件"›"新建"命令新建文件，用户还可以通过组合键"Ctrl+N"，打开"新建文档"对话框，进行文件的新建操作。

2.1.2　打开文件

如果需要处理图像或继续编辑之前的文件，用户就需要在 Photoshop 中打开已有的文件。

（❶）执行菜单栏中的"文件"＞"打开"命令或按组合键"Ctrl+O"，即可弹出"打开"对话框，在该对话框中浏览找到文件所在的位置，（❷）单击选中需要打开的文件，然后（❸）单击"打开"按钮，即可将其打开，如图 2-4 和图 2-5 所示。

图 2-4

图 2-5

提示

　　在"打开"对话框中可以一次性选中多个文件，同时将其打开。按住"Ctrl"键并单击文件，可以选中不连续的多个文件；按住"Shift"键并单击文件，可以选中连续的多个文件；按住鼠标左键拖动，可以框选多个文件。除了可以使用"打开"命令打开文件，还可以通过在Photoshop 中的空白区域双击打开文件。

2.1.3　保存文件

　　对文件进行编辑后，可以将文件保存，便于下次继续编辑。

1. 用"存储"命令保存文件

　　执行菜单栏中的"文件"＞"存储"命令或按组合键"Ctrl+S"，可存储对当前文件做出的修改，文件将按原有格式存储。如果是新建的文件，存储时则会弹出"存储为"对话框，如图 2-6 所示。

　　保存在　选择文件保存的位置。

　　文件名　输入文件名称。

　　格式　在下拉列表中可以选

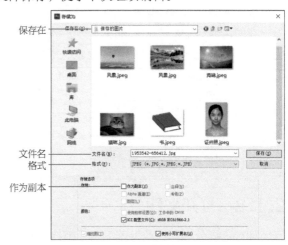

图 2-6

择多种图像格式，JPEG 格式与 PSD 格式最为常用。

　　作为副本　当勾选"作为副本"复选框时，文件将存储为副本。对源文件的操作将不会保存。

2. 用"存储为"命令保存文件

　　当对保存过的文件进行编辑后，使用"存储"命令进行存储，将不弹出"存储为"对话框，而是直接保存并覆盖原始文件；如果要将编辑后的文件存储在一个新位置，此时执行菜单栏中的"文件">"存储为"命令或按"Shift+Ctrl+S"组合键，将打开"另存为"对话框进行存储。

> **提示**
>
> 　　在编辑文件特别是大型文件的过程中，需要及时将文件保存，完成一部分保存一部分，避免发生断电、死机等意外而使编辑的文件数据丢失。

2.1.4 保存格式的选择

　　保存文件时，在"另存为"对话框中的"格式"下拉列表中有多种格式可供选择。但并不是所有的格式都常用，选择哪种合适呢？下面就来认识几种常用的图像文件格式。

1. 以PSD格式进行保存

　　在保存新文件时，PSD格式为默认格式。它可以保留图像中的图层、蒙版、通道、路径、未删格式的文字、图层样式等信息，便于后期修改。在"另存为"对话框中的"格式"下拉列表中选择该格式可直接保存文件，如图2-7所示。

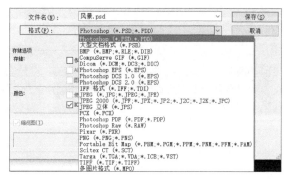

图2-7

2. 以JPEG格式进行保存

　　JPEG格式是一种常见的图像文件格式。如果图像用于网页、屏幕显示、冲印照片等对图像品质要求不高的情况，则可以保存为JPEG格式。

　　JPEG格式是一种压缩率较高的图像文件格式，当新建的文件保存为这种格式的时候，其图像品质会有一定的损失。

　　执行菜单栏中的"文件">"存储为"命令，在打开的"另存为"对话框中的"格式"下拉列表中选择JPEG，单击"保存"按钮后将打开"JPEG选项"对话框，如图2-8所示，在其中可以对文件的品质和大小等进行设置。

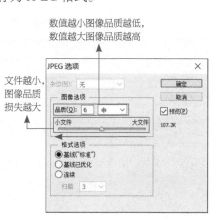

图2-8

3. 以TIFF格式进行保存

　　TIFF格式也是一种比较常见的图像文

图 2-9

件格式，它能够较大程度地保证图像品质不受损失。这种格式常用于对图像文件品质要求较高的情况，如文件需要印刷时就需要将之保存为这种格式。选择用该格式保存后，在弹出的图 2-9 所示的"TIFF 选项"对话框中，保持默认选项，直接单击"确定"按钮即可。

4. 以 PNG 格式进行保存

PNG 格式也是一种比较常见的图像文件格式，这种格式的文件通常被用作一种背景透明的素材文件，而不会被单独使用。例如，在 Word、PPT 中，当需要使图像的背景透明的时候，可将该图像在 Photoshop 中去背景后保存为 PNG 格式。

将 Logo 去背景后分别保存为 PNG 格式和 JPEG 格式，然后置入 PPT 文件中的效果分别如图 2-10 和图 2-11 所示。

PNG 格式，Logo 很好地融入 PPT 中

JPEG 格式，Logo 仍有白色背景

图 2-10   图 2-11

常用图像文件格式的使用场景及优缺点整理如表 2-1 所示。

表 2-1　常用图像文件格式的使用场景及优缺点

图像文件格式	扩展名	使用场景	优点	缺点
PSD	*.psd	保留尚未制作完成的图像	保留设计方案和图像所有的原始信息	文件占用空间大
JPEG	*.jpeg 或 *.jpg	用于网络传输	文件占用空间小，支持多种电子设备读取	有损压缩，图像品质最差
TIFF	*.tif	用于排版和印刷	灵活的位图格式，支持多种压缩形式，图像品质较高	文件占用空间较大
PNG	*.png	存储为透明通道形式	高级别无损压缩	低版本浏览器和程序不支持 PNG 格式

2.1.5　关闭文件

单击标题栏中当前文件标签右侧的 ▣ 按钮或执行"文件">"关闭"命令或使用组合键"Ctrl+W",可以关闭当前文件。

执行菜单栏中的"文件">"全部关闭"命令,可以关闭在 Photoshop 中打开的所有文件。

2.2　查看图像

在 Photoshop 中查看或编辑图像时,经常需要放大、缩小图像或移动画面的显示区域,以便更好地观察和处理图像,这时就要用到工具箱中的缩放工具和抓手工具。

2.2.1　缩放工具

在编辑图像的过程中,有时需要放大画面的局部进行细节处理,有时则需要缩小观看画面整体效果,此时就可以使用缩放工具。

缩放工具既可以放大图像,也可以缩小图像。单击工具箱中的缩放工具 🔍 ,在其选项栏中会显示该工具的设置选项,如图 2-12 所示。

图 2-12

放大图像　单击 🔍 按钮,然后在画面中单击可以放大图像,如图 2-13 所示。

缩小图像　单击 🔍 按钮,然后在画面中单击可以缩小图像,如图 2-14 所示。

调整窗口大小以满屏显示　勾选 ☑ 调整窗口大小以满屏显示 复选框,可以在缩放图像的同时自动调整窗口大小。

缩放所有窗口　如果当前打开了多个文件,勾选 ☑ 缩放所有窗口 复选框,可以同时缩放所有打开的文件。

细微缩放　勾选 ☑ 细微缩放 复选框后,在画面中单击并向左或向右拖动鼠标指针,能够以平滑的方式快速缩小或放大图像。

100% 显示图像　在对图像的细节进行查看或编辑时,想要清晰地看到图像的每一个细节,通常需要将图像显示为 1∶1 比例,此时单击 100% 按钮即可。

放大图像

图 2-13

缩小图像

图 2-14

适合屏幕 单击 适合屏幕 按钮，如图 2-15 所示，将在窗口中最大化显示画面的完整效果。

填充屏幕 单击 填充屏幕 按钮后，如图 2-16 所示，图像将填满整个窗口。

适合屏幕

填充屏幕

图 2-15 　　　　　　　　　　　　　　　　图 2-16

缩放快捷键

　　放大和缩小图像可以直接通过快捷键进行操作。在使用其他工具时，要放大图像，可以按"Ctrl++"组合键；要缩小图像，可以按"Ctrl+-"组合键。

2.2.2　抓手工具

　　当画面放大到整个屏幕内不能显示完整的图像时，要查看其余部分的图像，就需要使用抓手工具。单击工具箱中的抓手工具，在画面中按住鼠标左键进行拖动，如图 2-17 所示，即可查看画面其他区域的图像，如图 2-18 所示。

图 2-17 　　　　　　　　　　　　　　　　图 2-18

抓手快捷键

　　当图像放大后，如果想要查看画面的其他区域，可以按住空格键快速切换到抓手工具状态，此时在画面中拖动鼠标指针即可，松开空格键，会自动切换回之前使用的工具。

2.3 修改图像的尺寸和方向

当文件的大小不足或超出了我们的使用范围时，我们就要想办法把这个文件放大或者缩小，调整为需要的尺寸。我们可以使用"图像大小"和"画布大小"命令进行修改。

2.3.1 修改图像大小

使用"图像大小"命令可以调整图像的像素总数、打印尺寸和分辨率。打开一幅图像，执行菜单栏中的"图像">"图像大小"命令，打开"图像大小"对话框，如图2-19所示。

（❶）**像素大小** 显示图像当前的像素尺寸，当我们修改像素大小后，之前的像素大小将在括号内显示。

（❷）**文档大小** 用来设置图像的打印尺寸和分辨率。

（❸）**缩放样式** 勾选该复选框

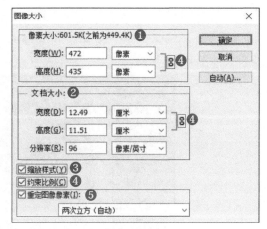

图 2-19

后，调整图像大小时会自动缩放"图层样式"效果。只有勾选"约束比例"复选框后，才可启用该复选框。

（❹）**约束比例** 修改图像的宽度和高度时，可保持宽度和高度的比例不变。

（❺）**重定图像像素** 修改图像的像素大小在 Photoshop 中称为"重新采样"。当增加像素数量时，Photoshop 就会自动添加新的像素，如图 2-20 所示；当减少像素数量时，Photoshop 则会删除部分像素，如图 2-21 所示。

增加像素数量时，自动添加像素

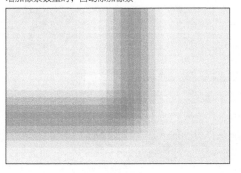

图 2-20

减少像素数量时，自动删除像素

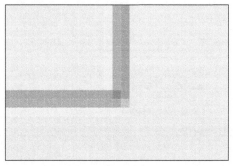

图 2-21

在"图像大小"对话框最下方的下拉列表中可以选择一种差值来确定添加或删除像素的方式，默认为"两次立方（自动）"，如图2-22所示。

课堂练习	将文件修改为2寸证件照大小

素材：第2章\2.3.1 将文件修改为2寸证件照大小

重点指数：★★

微课视频

图2-22

我们在生活中经常会遇到将证件照修改为1寸或2寸大小，以满足不同需求的情况。下面以将一张证件照修改为2寸大小为例进行讲解。

01 执行菜单栏中的"文件">"打开"命令或按组合键"Ctrl+O"打开素材文件，如图2-23所示。

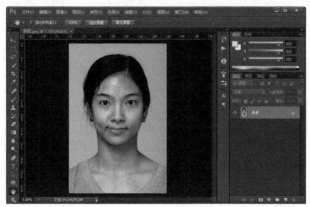

图2-23

02 执行菜单栏中的"图像">"图像大小"命令，弹出"图像大小"对话框，如图2-24所示，可以看到图像的原始尺寸。

03（❶）取消勾选"约束比例"，（❷）将单位改为"厘米"，（❸）修改"宽度""高度"分别为3.5、5.3，如图2-25所示，单击"确定"按钮。

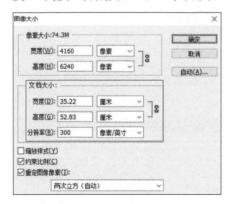

图2-24

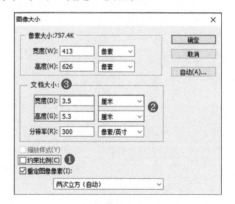

图2-25

04 执行菜单栏中的"文件">"存储"命令或按组合键"Ctrl+S",保存文件。

2.3.2 修改画布大小

调整画布大小的呈现方式为在图像四边增加空白区域或者裁掉不需要的图像边缘。打开一幅图像,执行菜单栏中的"图像">"画布大小"命令,可以在打开的"画布大小"对话框中修改可编辑的画面范围,如图2-26所示。

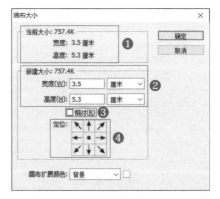

图 2-26

（❶）当前大小 显示图像宽度和高度的实际尺寸,以及文件的实际大小。

（❷）新建大小 可以在"宽度"和"高度"框中输入要修改的画布尺寸。当输入数值大于原尺寸时会增大画布（"定位"中的箭头向外）;当输入数值小于原尺寸时会减小画布（减小画布会裁剪图像,"定位"中的箭头向内）。输入尺寸后,"新建大小"右侧则会显示修改画布后的文件大小。

（❸）相对 勾选该复选框,输入"宽度"和"高度"的数值将代表在原始图像的基础上增大或减小画布,而不是修改整个画布的尺寸。

（❹）定位 该选项用来设置当前图像在新画布上的位置,箭头代表图像的位置,单击某个箭头,它会在相对方向上增大或减小画布,如单击右边中间的箭头,会增大画布左边;单击中心点,会增大画布四周。

课堂练习	为图像四周加白色边框

素材:第2章\2.3.2 为图像四周加白色边框　　　　重点指数:★★

微课视频

在编辑图像的过程中,给图像添加白色边框,可以"框住"画面、聚焦视线,使图像更能够抓住观者的眼球。具体操作步骤如下。

01 执行菜单栏中的"文件">"打开"命令,打开素材"人物",如图2-27所示。

02 执行菜单栏中的"文件">"画布大小"命令,在弹出的对话框中,（❶）勾选"相对"复选框,（❷）设置"宽度"和"高度"均为2厘米,（❸）设置"画布扩展颜色"为白色,（❹）选中"定位"的中心点位置,单击"确定"按钮完成设置,如图2-28所示。此时画布四周出现白色边框,效果如图2-29所示。

图 2-27

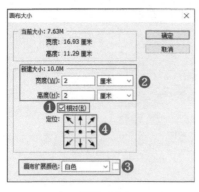

图 2-28   图 2-29

2.3.3　裁剪工具

当画面中存在碍眼的杂物、画面倾斜、主体不够突出等情况时，用户需要对画面进行裁剪。使用工具箱中的裁剪工具 ，在画面上单击并拖出一个矩形定界框，按"Enter"键，就可以将定界框之外的画面裁掉。图 2-30 所示为该工具的选项栏。

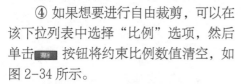

图 2-30

预设裁剪选项　用于设置裁剪的约束比例。在 的下拉列表中可以通过 4 种方式进行裁剪操作。

① 在该选项的下拉列表中，用户可以选择预设的比例或尺寸进行裁剪，如图 2-31 所示。原始比例：选中该项后，裁剪框始终会保持图像原始的长宽比例。预设的长宽比 / 预设的裁剪尺寸："1 : 1（方形）""5 : 7" 等选项是预设的长宽比；"4×5 英寸 300 ppi""1024×768 像素 92 ppi" 等选项是预设的裁剪尺寸。

② 如果想按照特定比例裁剪，可以在该下拉列表中选择"比例"选项，然后在右侧文本框中输入比例数值，如图 2-32 所示。

③ 如果想按照特定的尺寸进行裁剪，可以在该下拉列表中选择"宽 × 高 × 分辨率"选项，然后在右侧文本框中输入宽、高和分辨率的数值，如图 2-33 所示。

图 2-31

④ 如果想要进行自由裁剪，可以在该下拉列表中选择"比例"选项，然后单击 按钮将约束比例数值清空，如图 2-34 所示。

拉直　拍摄风光图像时，最常见的问题就是图像中的景物倾斜，此时，可以单击 按钮，在图像上画一条直线来

图 2-32

图 2-33

图 2-34

纠正画面倾斜问题。

删除裁剪的像素 在默认情况下，Photoshop 会将裁掉的图像保留在文件中（使用移动工具拖动图像，可以将隐藏的图像内容显示出来）。而勾选该复选框后，则会彻底删除被裁剪的图像。

课堂练习	按比例裁剪图像并重新构图	
素材：第2章\2.3.3 按比例裁剪图像并重新构图	重点指数：★ ★	微课视频

01 打开素材，使用裁剪工具，裁掉图像中一些不美观的部分，以达到重新构图的目的。单击工具箱中的裁剪工具，在文件窗口中可以看到图像上自动添加了一个裁剪框，如图 2-35 所示。

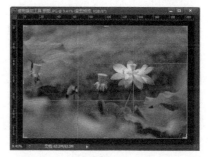

图 2-35

02 将鼠标指针移动到裁剪框四边的节点处，鼠标指针呈 ↕ 或 ↔ 形状，此时按住鼠标左键并拖动鼠标指针，即可调整裁剪框的宽度或高度；将鼠标指针移动到裁剪框四角处，鼠标指针呈 形状，按住鼠标左键并拖动鼠标指针，即可同时调整裁剪框的宽度和高度，如图 2-36 ～ 图 2-38 所示。

调整裁剪框的宽度

调整裁剪框的高度

同时调整裁剪框的宽度和高度

图 2-36   图 2-37   图 2-38

03 如果要保持与原始图像完全相同的比例，则可以在工具选项栏的"比例"下拉列表中选中"原始比例"，拖动裁剪框调整到合适大小，如图 2-39 所示；单击工具选项栏中的 按钮或按"Enter"键确认裁剪，即可完成裁剪。此时可以看到裁剪框以外的部分被裁剪掉了，如图 2-40 所示。

 提示

在图像中创建裁剪框后，如果要旋转裁剪框，可以将鼠标指针移至裁剪框的外侧，当它变为带双向箭头的弧线 时，按住鼠标左键并拖动鼠标指针即可旋转画布；如果要将裁剪框移动到画面中的其他位置，可以将鼠标指针移至裁剪框内，当鼠标指针变为实心的黑色箭头形状 ▶ 时，按住鼠标左键并拖动鼠标指针即可移动图像裁剪区域。

"原始比例"裁剪画面

裁剪后的画面效果

图 2-39

图 2-40

课堂练习	使用"拉直"命令校正地平线

素材：第2章\2.3.3 使用"拉直"命令校正地平线　　　重点指数：★★

微课视频

01 打开一幅倾斜的风光图像，如图 2-41 所示。首先找到画面上可以作为参考的地平线、水平面或建筑物等，整个画面将以它为校正线。

02 在工具箱中选择裁剪工具，在其选项栏中单击 按钮，按住鼠标左键并拖动鼠标指针，在画面中拉出一条直线来校正，这里以水平面为校正线，如图 2-42 所示。

图 2-41

以水平面为校正线

图 2-42

03 释放鼠标后，倾斜现象即刻被校正，并且随之出现一个裁剪框，裁剪框外的像素是因校正产生的多余像素，此时可以通过调整裁剪框的大小或位置使图像的效果更加完美，调整完成后单击工具选项栏中的 按钮或按"Enter"键确认校正。图 2-43 所示为使用"拉直"命令校正后的图像。

图 2-43

2.3.4　旋转画布

执行菜单栏中的"图像">"图像旋转"命令，"图像旋转"的子菜单中包含多个命令可以旋转或翻转整幅图像，如图2-44所示。

图2-44

180度　将图像旋转半圈。

顺时针90度或逆时针90度　将图像顺时针旋转1/4圈或将图像逆时针旋转1/4圈。

任意角度　单击该选项后，系统会弹出"旋转画布"对话框，用户可输入特定的旋转角度值，然后设置以顺时针或逆时针方向进行旋转，如图2-45所示。

图2-45

水平或垂直翻转画布　可以在水平或垂直方向上翻转画布。

2.3.5　自由变换

执行菜单栏中的"图像">"自由变换"命令或按"Ctrl+T"组合键。此时图像的边框上出现节点，如图2-46所示。将鼠标指针移动到节点处，当鼠标指针呈 ↕ 或 ↔ 形状时，按住鼠标左键并拖动鼠标指针，即可变换图像，还可以将鼠标指针放在图像四角处，按住鼠标左键并施动鼠标指针即可旋转图像，如图2-47所示。

图2-46

图2-47

2.4　撤销错误操作

在Photoshop中编辑图像，如果出现失误或没有达到预期效果，不必担心，因为在对图像进行编辑处理时Photoshop会记录下所有的操作步骤，通过一个简单的命令，我们就可以轻轻松松地撤销操作，"回到从前"。

2.4.1 还原与重做

还原 执行菜单栏中的"编辑">"还原"命令或按"Ctrl+Z"组合键可以撤销最近的一次操作，将其还原到上一步的编辑状态；连续按"Ctrl+Z"组合键，可以实现连续还原操作。

重做 如果要实现取消还原操作，则可以执行菜单栏中的"编辑">"重做"命令或按"Shift+Ctrl+Z"组合键；连续按"Alt+Ctrl+Z"组合键，可以实现连续取消还原操作。

2.4.2 恢复文件

打开一个文件，对它进行一些操作后，执行菜单栏中的"文件">"恢复"命令，可以将文件恢复到刚打开时的状态。如果该文件在操作过程中进行过保存，则可以将文件恢复到最后一次保存时的状态。"恢复"命令是针对已保存的文件而设定的，对于新建的未进行保存的文件，该命令不能使用。

2.4.3 历史记录

在对文件进行编辑操作的过程中，每一步操作都会被记录在"历史记录"面板中，单击其中某个记录，就可以撤销之前的操作，将文件恢复到记录所记载的编辑状态。

在"历史记录"面板中，用户可以对图像进行撤销步骤操作、还原步骤操作，以及将文件恢复为打开（新建）时的状态，具体操作方法如下。

01 打开素材文件，如图 2-48 所示，执行菜单栏中的"窗口">"历史记录"命令，打开"历史记录"面板，如图 2-49 所示。

图 2-48

图 2-49

02 对图像进行"曲线""建立图层""移动"编辑操作后，效果如图 2-50 所示，在"历史记录"面板中可以看到刚刚进行的操作条目，如图 2-51 所示。

03 单击历史记录状态里的某项操作，就会返回到

图 2-50

图 2-51

相应的编辑状态，如单击"曲线"状态，此时系统将撤销"建立图层"与"移动"操作，还原到进行"曲线"调整后的效果，如图2-52和图2-53所示。如果要还原所有被撤销的操作，可以单击最后一步操作，如果要将文件恢复为打开时的状态，则单击"打开"状态。

图2-52

图2-53

 素养课堂

道德高尚

  道德是我们衡量一个人的标准之一，德才兼备是我们民族一直推崇的一种文化概念。德在我们社会中占据着非常重要的位置，我们学习的文学素养，还有领悟到的文化精髓，都包含有德的概念。随着社会的发展，我们更加地推崇道德，道德成为我们做很多事情的一种判断标准，它在现代社会中占据很重要的位置。因为只有每个人都具有道德，社会才会更加和谐，社会整体才会进入文明的氛围中。

📈 课后练习

一、选择题

1. 将300分辨率的图像修改为72分辨率，图像的像素会（　　）。

  A．变大　　　　　B．变小　　　　　C．没变化　　　　　D．不知道

2. 还原的组合键是（　　）。

  A．Ctrl+B　　　B．Ctrl+X　　　C．Ctrl+S　　　D．Ctrl+Z

3. 自由变换工具的组合键是（　　）。

  A．Ctrl+V　　　B．Ctrl+B　　　C．Ctrl+T　　　D．Ctrl+C

4. 关闭文件的组合键是（　　）。

  A．Ctrl+N　　　B．Ctrl+W　　　C．Alt+W　　　D．Ctrl+Alt+W

二、判断题

1. 缩放工具缩放的是视图，而不是图像本身。（　　）

2. 自由变换工具只可以修改图像的大小，不能修改画布的大小。（　　）

3. 修改画布大小就等于修改图像大小。（　　）

三、简答题

1.如何将 144 分辨率的图像降为 72 分辨率，这样做会对图像造成什么影响?

2.将图像旋转 45° 有几种方法?

3.Photoshop 常用的保存格式有哪些，特点是什么?

四、操作题

1.将图像裁切成三分构图（素材：第 2 章 \ 课后练习）。

2.校正广角建筑物的透视畸变（素材：第 2 章 \ 课后练习）。

第3章

图层的应用

本章内容导读

图层是 Photoshop 操作的基础与核心，图层的重要性在于 Photoshop 中的几乎所有操作都是在图层上进行的，它承载了图像修改、图案绘制、文字输入、图像美化、特效施加、蒙版调整的基本操作对象。可以说，不理解图层，就无法完成 Photoshop 中的编辑操作，所以在学习其他操作之前，我们必须充分理解图层，并能熟练掌握图层的基本操作方法。

掌握重要知识点

- 掌握图层的基本知识。
- 掌握图层的调整方法。
- 掌握图层混合模式的应用方法。
- 掌握图层样式的应用方法。

学习本章后，读者能做什么

通过学习本章内容，读者能制作出广告设计、摄影后期处理中需要的多个图层的混合效果，有效提高工作效率。

3.1 图层的基本知识

图层是在 Photoshop 3.0 版本中出现的，在此之前，文件中的所有图像、文字都在一个平面上，要做任何改动，都要通过选区限定操作范围，这对于图像编辑工作而言，难度是比较大的。有了图层之后，文件中可以包含多个图层，每一个图层都是一个独立的平面，用户要修改哪幅图像，直接在该图像所在的图层上进行修改即可，这对于图像编辑工作来说更便捷。

3.1.1 图层原理

我们可以将多个图层想象成多张透明的纸，每张透明的纸上都有不同的画面，透过上面的纸可以看见下面的纸上的内容，在一张纸上如何涂画都不会影响其他的纸，上面的纸上的图像会遮挡住下面的纸上的图像，移动各层透明的纸的相对位置，添加或删除纸都可改变最终的图像效果，如图 3-1 所示。

图层原理　　　　　　　　　　　　　　"图层"面板状态　　　图像合成效果

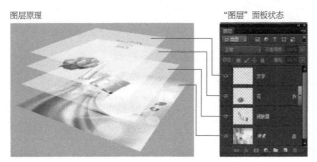

图 3-1

3.1.2 "图层"面板

"图层"面板用于创建、编辑和管理图层。"图层"面板中包含了文件中所有的图层、图层组和效果。默认状态下，"图层"面板处于打开状态，如果工作界面中没有显示该面板，执行菜单栏中的"窗口">"图层"命令，即可打开"图层"面板，如图 3-2 所示。

图层锁定按钮 用来锁定当前图层的属性，使其不可编辑，包括"锁定透明像素"、"锁定图像像素"、"锁定位置"、"锁定全部"。

选取图层类型 当图层数量较多时，可以通过该选项查找或隔离图层。

设置图层的混合模式 用来设置当前图层与其下方图层的混合方式，使之产生不同的图像效果。

隐藏的图层 表示该图层已经被隐藏，隐藏的图层不能进行编辑。

展开 / 折叠图层组 单击该按钮，可以展开或折叠图层组。

指示图层可见性 若图层缩览图前有"眼睛"图标，则该图层为可见图层；反之

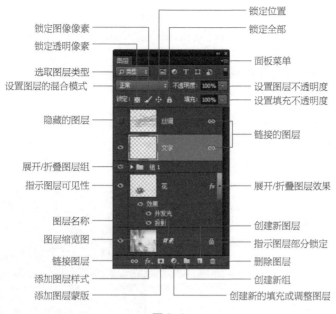

图 3-2

则表示该图层已隐藏。

　　图层名称　更改默认图层名称可方便查找。

　　图层缩览图　缩略显示图层中包含的图像内容。其中棋盘格区域表示图像的透明区域，而非棋盘格区域表示具有图像的区域。

　　链接图层　选中两个或多个图层后，单击该按钮，所选的图层会被链接在一起，在对其中一个链接图层进行旋转、移动等操作时，被链接的图层也会随之发生变化；选中已链接的图层后，再单击 ⊖ 按钮，可以将选中的图层取消链接。当图层被链接后，图层名称后面会出现 ⊖ 图标。

　　添加图层样式　可以为当前图层添加特效，如投影、发光、斜面、浮雕效果等。

　　添加图层蒙版　可以为当前图层添加蒙版。蒙版用于遮盖图像内容，从而控制图层中的显示内容，但不会破坏原始图像。

　　面板菜单　单击该按钮，可以打开"图层"面板的面板菜单，用户可以通过菜单中的命令对图层进行编辑。

　　设置图层不透明度　设置当前图层的不透明度。输入参数或者拖动滑块，使之呈现不同程度的透明状态，从而显示下面图层中的图像内容。

　　设置填充不透明度　通过输入参数或者拖动滑块，可以设置当前图层的填充不透明度。它与图层不透明度类似，但不会影响图层效果。

　　链接的图层　当图层名称后面出现 ⊖ 图标时，表示该图层与部分图层相链接。

　　展开 / 折叠图层效果　单击该按钮，可以展开图层效果列表，显示已为当前图层添加的所有效果的名称，再次单击可以折叠图层效果列表。

创建新图层　单击该按钮，可以创建一个新图层。

指示图层部分锁定　当图层名称后面出现🔒图标时，表示该图层的部分属性被锁定。

删除图层　选中图层或图层组后，单击该按钮可以将其删除。

创建新组　单击该按钮，可以创建一个图层组。一个图层组可以容纳多个图层，可使用户方便地管理"图层"面板。

创建新的填充或调整图层　单击该按钮，在弹出的下拉列表中可以选择创建填充图层或调整图层。

3.1.3　图层类型

在 Photoshop 中可以创建多种不同类型的图层，而这些不同类型的图层有不同的功能和用途，在"图层"面板中的显示状态也各不相同，如图 3-3 所示。

中性色图层　指填充了中性色并预设了混合模式的特殊图层，可用于承载滤镜效果，也可用于绘画。该图层经常用于摄影后期处理。

当前图层　指当前正在编辑的图层。

图层组　用来组织和管理图层，使用户便于查找和编辑图层。

智能对象　指含有智能对象的图层。

形状图层　指包含矢量形状的图层，如使用矩形工具、圆角矩形工具、椭圆工具、多边形工具等创建的形状。

剪贴蒙版组　是蒙版的一种，可以通过一个图层的形状控制其他多个图层中图像的显示范围。

图 3-3

样式图层　包含图层样式的图层，图层样式可以创建特效，如投影、发光、描边效果等。

图层蒙版图层　可以通过遮盖图像内容来控制图层中图像的显示范围。

矢量蒙版图层　指蒙版中包含矢量路径的图层，不会因放大或缩小操作而影响清晰度。

调整图层 是用户自主创建的图层，可用于调整图像的亮度、色彩等，不会改变原始像素值，并且可以重复编辑。

填充图层 用于填充纯色、渐变和图案的特殊图层。

变形文字图层 指进行变形处理后的文字图层。

文字图层 指用文字工具输入文字时自动创建的图层。

背景图层 指在新建文件或打开图像文件时自动创建的图层。它位于图层列表的最下方，且不能被编辑。双击背景图层，在弹出的对话框中单击"确定"按钮，即可将背景图层改成普通图层。

3.2 图层的基本操作

图层的基本操作主要包括创建图层、选择图层、移动图层、调整图层顺序、重命名图层、删除与隐藏图层、对齐与分布图层、锁定图层、复制图层、栅格化图层等。

3.2.1 创建图层

单击"图层"面板中的"创建新图层"按钮，或按组合键"Ctrl+Shift+N"，即可在当前图层的上方创建一个新图层，如图 3-4 所示；如果要在当前图层的下方创建一个新图层，可以按住"Ctrl"键并单击"创建新图层"按钮，如图 3-5 所示。当在图层中

图 3-4

图 3-5

添加内容后，图层创建的顺序不同，呈现效果也会不同。

3.2.2 选择图层

选择一个图层 单击"图层"面板中的某个图层，即可选中该图层，该图层即为当前图层（当前图层有且只有一个），如图 3-6 所示。

选择多个图层 要选择多个相邻的图层，只需单击第一个图层，然后按住"Shift"键并单击最后一个图层，如图 3-7 所示；要选择多个不相邻的图层，只需按住"Ctrl"键并逐一单击这些图层，如图 3-8 所示。

图 3-6

图 3-7

图 3-8

3.2.3　使用移动工具选择图层

图 3-9

当图层比较多时，在"图层"面板中选择图层费时费力。此时我们可以使用移动工具 快速选择画面中图像所在的图层。

下面通过案例讲解如何使用移动工具选择图层。

01 打开素材文件，如图 3-9 所示。选择工具箱中的移动工具，在工具选项栏中勾选"自动选择"复选框，如图 3-10 所示。

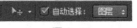
图 3-10

02 直接在图像上方单击即可选择图层，如图 3-11 所示。

03 当鼠标指针下方堆叠多个图层时，单击图像，则选择的是最上方的图层。如果要选择下方的图层，可以在图像上单击鼠标右键，此时打开的快捷菜单中会显示鼠标指针所在位置的所有图层，从中选择一个即可，如图 3-12 所示。

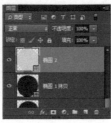
图 3-11

图 3-12

若要选择多个图层，可以使用两种方法操作，一种方法是按住"Shift"键并分别单击图像的各个部分，如图 3-13 所示。

另一种方法是按住鼠标左键拖出一个虚线框，这时选框范围内的图层都会被选中，如图 3-14 所示。

图 3-13

图 3-14

3.2.4 移动图层

移动图层是指移动图层中的对象。在编辑图像时，我们通常需要调整图层中的某个或者多个对象的位置，这时可以使用工具箱中的移动工具 。

首先在"图层"面板中选中需要移动的对象所在的图层（"背景"图层无法移动），然后选择移动工具 ，在图像上按住鼠标左键进行拖动，该对象的位置就会发生变化。

3.2.5 调整图层顺序

在"图层"面板中，图层是按照创建的先后顺序堆叠排列的，位于上方的图层通常会挡住下方的图层，改变图层的堆叠顺序可以调整图像的显示效果。在设计过程中经常需要调整图层的堆叠顺序。

下面通过一个香水的案例讲解如何调整图层顺序。

01 打开素材文件，从画面中可以看到"香水瓶"挡住了"水花"，在"图层"面板中选中"香水"图层，按住鼠标左键将其拖动到"水花"图层组的下方，如图 3-15 所示。

图 3-15

02 释放鼠标后即可完成图层顺序的调整。此时画面呈现了将香水瓶掷入水中溅起水花的效果，如图 3-16 所示。

图 3-16

快速调整图层顺序

选中一个图层后，按"Ctrl+]"组合键，可以将当前图层向上移一层；按"Ctrl+["组合键，可以将当前图层向下移一层。

3.2.6　重命名图层

选中一个图层，执行菜单栏中的"图层">"重命名图层"命令，或双击该图层的名称，在显示的文本框中输入名称，如图 3-17 所示。

图 3-17

3.2.7　删除与隐藏图层

在使用 Photoshop 编辑或合成图像时，若有不需要的图层，就需要删除。选中图层后单击"删除图层"按钮，即可删除该图层，如图 3-18 和图 3-19 所示。此外，将图层拖动到"图层"面板中的"删除图层"按钮上，也可以快速删除图层。

当处理含有多个图层的文件时，为了查看特定的效果，常常需要显示或者隐藏图层。图层缩览图

图 3-18

前面的"指示图层可见性"按钮 ，可以用来控制图层是否可见。有该图标的图层为可见图层，如图 3-20 所示；无该图标的图层为隐藏图层，如图 3-21 所示。单击 或方块区域 可以使图层在显示和隐藏状态之间切换。

图 3-19

图 3-20

图 3-21

3.2.8 对齐与分布图层

在排版设计过程中，需要将海报中的图像或文字，网页、手机界面中的按钮或图标等对象有序排列。如果手动排列很难做到位置准确，这时就可以使用 Photoshop 的对齐与分布功能进行快速、精准的排列。

使用对齐功能可以对齐不同图层中的多个对象。在对图层进行操作前，（❶）先选中图层，（❷）然后选择工具箱中的移动工具，在其选项栏中单击某个对齐按钮 （从左到右依次是"顶对齐""垂直居中对齐""底对齐""左对齐""水平居中对齐""右对齐"），即可进行相应的对齐操作，（❸）这里单击"垂直居中对齐"按钮 ，如图 3-22 所示。

图 3-22

对齐对象后，怎样让每个对象之间的距离相等？使用分布功能可以让不同图层中的对象进行均匀分布，即得到对象与对象间距相等的效果（分布图层至少需要 3 个图层才有意义）。选择工具箱中的移动工具，在其选项栏中单击某个分布按钮

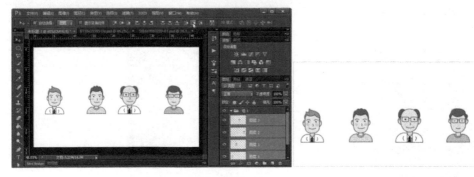（从左到右依次是"按顶分布""垂直居中分布""按底分布""按左分布""水平居中分布""按右分布"）。

单击"水平居中分布"按钮，如图3-23所示。

图 3-23

操作思路： 使用对齐功能与分布功能将照片排列整齐。

01 打开一个相册，可以看到其中有一大五小共6张照片，如图3-24所示，左侧的大照片放置的位置比较合理，可以不调整。下面我们要做的就是将右侧的5张小照片排列整齐。

02 对齐最右侧的3张照片。单击工具箱中的移动工具，在其选项栏中勾选"自动选择"复选框并选择"图层"选项。将鼠标指针移至画面中的合适位置，按住鼠标左键拖出虚线框，选中最右侧的3张照片。释放鼠标，在"图层"面板中可以看到这3张照片对应的图层被选中，如图3-25所示。

图 3-24

03 单击移动工具选项栏中的"右对齐"按钮，将选中的图层右对齐，如图3-26所示。然后单击"垂直居中分布"按钮，此时这3张照片在垂直方向上均匀分布，

图 3-25

如图 3-27 所示。

图 3-26   图 3-27

04 对齐底端。使用移动工具选中画面底端的两张照片和左侧的大照片，在移动工具选项栏中单击"底对齐"按钮，如图 3-28 所示。

图 3-28

05 将第二行的两张照片顶对齐。使用移动工具选中第二行的两张照片，在移动工具选项栏中单击"顶对齐"按钮，如图 3-29 所示。

图 3-29

06 将中间的两张照片右对齐。使用移动工具选中画面中间的两张照片，在移动工具选项栏中单击"右对齐"按钮，此时完成相册中多张照片的对齐与分布操作，如图 3-30 所示。

图 3-30

3.2.9　锁定图层

编辑图像时，想要保护图层的某些属性或区域不受影响，可以使用锁定图层功能。例如，对于设置了精确位置的图像，要防止图像被意外移动，就需要预先进行设置；填充颜色时，只想在有图像的区域填色，而使透明区域不受影响，也需要进行设置。Photoshop 提供了 4 种锁定方式来解决这类问题，操作方法是先选中要进行保护的图层，然后单击"图层"面板顶部的图层锁定按钮 锁定: ▩ ✔ ✛ 🔒 。

"锁定透明像素"按钮▩　单击该按钮后图层中的透明区域不可编辑。

"锁定图像像素"按钮✔　单击该按钮后，可以对图层进行移动和变换操作，但不能在图层上绘画、擦除或应用滤镜等。锁定图像像素时如果使用画笔工具在画面上涂抹，鼠标指针则显示为⊘形状，表示在该区域不能使用此工具。

"锁定位置"按钮✛　单击该按钮后，图层中的内容不能被移动。

"锁定全部"按钮🔒　单击该按钮后，将不能对该图层进行任何操作。

3.2.10　复制图层

使用 Photoshop 处理图像时，经常会用到复制图层功能，如在摄影后期处理中，为了保证原始图层中的图像不受破坏，通常需要先复制一个图层，然后在这个副本图层上进行调整。复制图层常用的方法有如下两种。

1. 在"图层"面板中复制图层

（❶）在"图层"名称处单击鼠标右键，在弹出的菜单中选择"复制图层"命令，如图 3-31 所示。（❷）在弹出的"复制图层"对话框中为图层命名，然后单击"确定"按钮即可完成复制，如图 3-32 和图 3-33 所示。此外，选中图层后按"Ctrl+J"组合键可以快速复制图层。

图 3-31　　　　　　　　　　　图 3-32　　　　　　　　　　　图 3-33

2. 使用移动工具复制图层

使用移动工具移动图像时，按住"Alt"键并拖动图像，此时鼠标指针呈 ▶ 形状，也可以复制图层，如图 3-34 和图 3-35 所示。

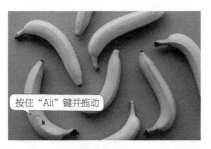

按住 "Alt" 键并拖动

图 3-34 图 3-35

3.2.11 栅格化图层

栅格化是 Photoshop 中的一个专业术语，栅格即像素，栅格化操作可以将矢量图转化为位图。对于文字图层、形状图层或智能对象等包含矢量数据的图层，不能直接使用某些命令和工具（如添加滤镜效果、使用绘图工具）进行编辑，需要先将其栅格化。

选中需要栅格化的图层，执行"图层">"栅格化"子菜单中的命令即可栅格化图层中的内容，如图 3-36 所示。

栅格化后，原有设置不能进行修改，如文字图层栅格化后，它就不再是文字图层了，里面的文字已经被像素化了，用户不能使用文字工具进行编辑。

图 3-36

3.3 图层组的应用及编辑

在 Photoshop 中设计或编辑图像时，有时候用到的图层数量会很多，尤其是在设计网页时，使用超过 100 个图层是常见的。这就会导致"图层"面板被拉得很长，查找图层很不方便。

3.3.1 创建组

单击"图层"面板中的"创建新组"按钮，可以创建一个空白组，如图 3-37 所示。创建新组后，可以在组中创建图层。选中图层组后单击"图层"面板中的"创建新图层"按钮后，新建的图层即位于该组中，如图 3-38 所示。

图 3-37 图 3-38

3.3.2　将现有图层编组

　　如果要将现有的多个图层进行编组，可以选中这些图层，如图 3-39 所示，然后执行菜单栏中的"图层" > "图层编组"命令或按"Ctrl+G"组合键即可对其进行编组，如图 3-40 所示。单击图层组中的"展开 / 折叠图层组"按钮 ▶，可以展开或折叠图层组，如图 3-41 所示。

图 3-39　　　　　　　　　　图 3-40　　　　　　　　　　图 3-41

3.3.3　将图层移入或移出图层组

　　将图层移入图层组内，即可将图层添加到该图层组中，如图 3-42 所示；将图层组中的图层拖到图层组外，即可将其从该图层组中移出，如图 3-43 所示。

将图层移入图层组　　　　　　　　　　　　将图层移出图层组

图 3-42　　　　　　　　　　　　　　　图 3-43

3.4　合并图层和盖印图层

　　图层多就会增大文件，导致计算机的运行速度变慢，合并图层可以减少图层数量，便于对图层进行管理和查找，同时也能缩小文件。当需要使用某些图层的合并效果，但又不想改变原有图层时，较为合适的解决办法就是使用盖印图层。

3.4.1 合并图层

图层、图层组和图层样式等都会占用计算机的内存和临时存储空间，数量越多，占用的资源也就越多，导致计算机的运行速度变慢，这时可以将相同属性的图层合并。

合并图层 在"图层"面板中选中需要合并的图层，如图 3-44 所示，执行菜单栏中的"图层">"合并图层"命令或按"Ctrl+E"组合键即可合并图层，合并后的图层使用的是最上方图层的名称，效果如图 3-45 所示。

图 3-44　　　　　图 3-45

拼合图像 如果要将所有图层都合并到"背景"图层，则执行菜单栏中的"图层">"拼合图像"命令。如果有隐藏的图层，则会弹出一个提示对话框，询问是否去除隐藏的图层，如图 3-46 所示，单击"确定"按钮，即可拼合可见图层。如果没有隐藏图层则将所有图层直接合并到"背景"图层中，如图 3-47 所示。

图 3-46

图 3-47

3.4.2 盖印图层

盖印图层可以将多个图层中的图像内容合并到一个新图层中，而原有图层内容保持不变。这样做的好处是，之前完成处理的图层依然还在，这在一定程度上可节省处理图像的时间。

盖印多个图层 选中多个图层，如图 3-48 所示。按"Ctrl+Alt+E"组合键，可以将所选图层盖印到一个新图层中，原有图层的内容保持不变，如图 3-49 所示。

盖印可见图层 可见图层如图 3-50 所示，按"Shift+Ctrl+Alt+E"组合键，可将所有可见图层盖印到一个新图层中，原有图层的内容保持不变，如图 3-51 所示。

图 3-48　　　　　图 3-49

图 3-50

图 3-51

3.5 图层不透明度

在 Photoshop 中用户可以为每个图层单独设置不透明度。为顶部图层设置半透明的效果，就会显露它下方图层的内容。

在设置不透明度前要在"图层"面板中选中需要设置的图层，在"不透明度"选项后方的文本框中直接输入数值即可设置图层的不透明度。当需要弱化画面中的某些元素时，可以降低图层的不透明度。

下面以一个水果促销广告设计为例讲解该功能的使用方法。

◪ 打开素材文件"水果促销广告"，如图 3-52 所示。可以看到文字部分不清晰。

◫ 我们可以降低文字下方"凤梨 2"图层的透明度，让文字更清晰。选中"凤梨 2"图层，如图 3-53 所示。

图 3-52

图 3-53

◪ 在"图层"面板上方的"不透明度"选项中输入 40%，使这一图层变得透明，如图 3-54 所示，调整后的凤梨被淡化了，文字更突出，效果如图 3-55 所示。

图 3-54   图 3-55

3.6 图层混合模式的应用

　　图层的混合模式决定了当前图层与它下方图层的混合方式,通过设置不同的混合模式可以加深或减淡图层中图像的颜色,从而制作出特殊效果。

　　在"图层"面板中选中一个图层,单击"设置图层的混合模式"按钮 正常 ,可弹出图 3-56 所示的下拉列表,单击其中任意一选项即可为图层设置混合模式。默认情况下图层的"混合模式"为正常。

　　混合模式分为 6 组,每组通过横线隔开,分别为"组合"模式组、"加深"模式组、"减淡"模式组、"对比"模式组、"比较"模式组和"色彩"模式组。同一组中的混合模式可以产生相似的效果,或具有相近的用途,本节重点讲解日常工作中常用的 4 组混合模式。

正常		叠加
溶解		柔光
		强光
变暗		亮光
正片叠底		线性光
颜色加深		点光
线性加深		实色混合
深色		
		差值
变亮		排除
滤色		减去
颜色减淡		划分
线性减淡(添加)		
浅色		色相
		饱和度
		颜色
		明度

图 3-56

　　设置图层的混合模式前,我们首先要了解 3 个术语:基色、混合色和结果色。基色指当前图层之下的颜色,混合色指当前图层的颜色,结果色指基色与混合色混合后得到的颜色。

3.6.1 "组合"模式组

　　"组合"模式组包括"正常"和"溶解"两种混合模式。使用这两种混合模式时,需要降低当前图层的不透明度才能看到应用图层混合模式的效果。以"溶解"模式为例,设置该混合模式并降低图层的不透明度后,图层将以散落的点状效果叠加到它下方的图层上。例如,打开一张冬日雪景照片,在"背景"图层上方创建一个图层并填充白色,设置"图层 1"的"混合模式"为溶解,如图 3-57 所示。降低该图层的不透明度,即可制作出雪花飘舞的效果,如图 3-58 所示。

混合色

基色

设置图层混合模式 · 调整不透明度

结果色

图 3-57　　　　　　　　　　　　　　　图 3-58

3.6.2　"加深"模式组

"加深"模式组包括"变暗""正片叠底""颜色加深""线性加深""深色"5种混合模式。该模式组中的混合模式主要是通过过滤当前图层中的亮调像素，达到使图像变暗的目的。当前图层中的白色像素不会对下方图层产生影响，比白色暗的像素会加深下方图层中的像素。该模式组中混合模式的效果基本相似，只是应用不同的混合模式后，图像的明暗程度不一样。下面以该模式组中常用到的"正片叠底"模式为例进行讲解。

"正片叠底"模式是指当前图层中的像素与底层的白色像素混合时保持不变，与底层的黑色像素混合时则被其替换。混合结果通常会使图像变暗。例如，"正片叠底"模式可以用来压暗画面亮度，抑制曝光过度，增加画面厚重感。

下面通过一个案例展示使用"正片叠底"模式后的效果。

01 打开一张曝光过度的照片，如图 3-59 所示。若要压暗画面可通过复制图层并为其设置"正片叠底"模式来实现。按"Ctrl+J"组合键复制背景图层，将复制的图层的"混合模式"设置为正片叠底，如图 3-60 所示。

02 操作完成后照片的色彩变厚重，原来不显眼的颜色也突显出来了，如图3-61 所示。

图 3-59

图 3-60

图 3-61

课堂练习　制作网店主图

素材：第3章\ 3.6.2 制作网店主图　　　　　重点指数：★★★

操作思路： 使用图层混合模式将人物融入背景。

01 打开"女装模特素材"文件和"背景素材"文件，分别如图 3-62 和图 3-63 所示。将"女装模特素材"移入"背景素材"所在的图层，并将图层重命名为"人物"，按"Ctrl+J"组合键，得到"人物 拷贝"图层，并暂时将该副本图层隐藏，效果如图 3-64 所示。

图 3-62　　　　　　　　图 3-63　　　　　　　　图 3-64

02 将"人物"图层的"混合模式"设置为正片叠底，此时就可以将发丝等细节都完整地抠取出来，如图 3-65 所示。

图 3-65

3.6.3　"减淡"模式组

"减淡"模式组包括"变亮""滤色""颜色减淡""线性减淡（添加）""浅色"5 种混合模式。该模式组中的混合模式主要是通过过滤当前图层中的暗调像素，达到使图像变亮的目的。当前图层中的黑白色像素不会对下方图层产生影响，比黑色亮的像素会加亮下方图层中的像素。该模式组中模式的效果基本相似，只是应用不同的混合模式后，图像变亮程度不一样。下面以该模式组中常用到的"滤色"模式为例进行讲解。

"滤色"与"正片叠底"模式产生的效果正好相反，它可以使图像产生漂白的效果。"滤色"模式也常用于图像的合成。

下面通过一个案例展示使用"滤色"模式后的效果。

01 打开人像素材文件和背景素材文件，如图 3-66 和图 3-67 所示，使用移动工具将背景素材图像拖曳到人像所在的图层中，将"图层 1"图层的"混合模式"设置为滤色，如图 3-68 所示。

02 设置完成后获得唯美的创意合成图像，如图 3-69 所示。

 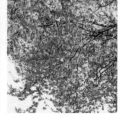  

图 3-66   图 3-67   图 3-68   图 3-69

3.6.4   "对比"模式组

"对比"模式组包括"叠加""柔光""强光""亮光""线性光""点光""实色混合" 7 种混合模式，它们可以增加下方图层中图像的对比度。在混合时，如果当前图层是 50% 灰色（50% 灰色对应的色值为"R128 G128 B128"，也叫中性灰），就不会对下方图层产生影响；而当前图层中亮度值高于 50% 灰色的像素会使下方图层像素变亮；当前图层中亮度值低于 50% 灰色的像素会使下方图层像素变暗。下面以该模式组中常用到的"柔光"模式为例进行讲解。

"柔光"模式根据当前图层中的颜色决定下方图层中的图像应变亮或变暗。我们可以利用这一特性为图像调整颜色。例如，打开人像素材文件，在背景图层上方创建一个图层并填充为"中性灰图层"，设置该图层的"混合模式"为柔光。此时可以在"中性灰图层"上，通过使用柔边画笔工具在画面上涂抹。对需要加深的部分使用画笔工具将前景色填充为黑色并进行涂抹；对需要减淡的部分使用画笔工具将前景色填充为白色并进行涂抹，这样就会使人物皮肤更有层次，如图 3-70 所示。

图 3-70

3.6.5 "比较"模式组

"比较"模式组包括"差值""排除""减去""划分"4 种混合模式，该模式组中的混合模式主要是通过对上下图层进行比较，将相同的区域显示为黑色，将不同的区域显示为灰色或彩色，如果当前包含白色，则与白色像素混合颜色被反相，与黑色像素混合的颜色不变。

以常用的"差值"模式为例，在"差值"模式下，Photoshop 会查看每个通道中的颜色信息，并从基色中减去混合色，或从混合色中减去基色，具体操作取决于哪一种颜色的亮度值更大。与白色混合的颜色将反转底层图像的颜色，与黑色混合的颜色则不产生变化。

3.6.6 "色彩"模式组

"色彩"模式组包括"色相""饱和度""颜色""明度"4 种混合模式。该模式组中的混合模式，包含色彩三要素：色相、饱和度、明度，这会影响图像的颜色和亮度。使用"色彩"模式组中的混合模式合成图像时，会将色彩三要素中的一种或两种应用在图像中。下面以该模式组中常用到的"颜色"模式为例进行讲解。

"颜色"混合模式的特点：可将当前图像的色相和饱和度应用到下层图像中，而且不会修改下方图层的亮度；可以保留图像中的灰阶，并且在快速改变图像色调方面非常有用。例如，打开一幅花卉图像。在背景层上方创建一个图层并填充渐变色，设置该图层的"混合模式"为颜色，即可快速改变图像色调，如图 3-71 所示。

混合色

基色

结果色

图 3-71

3.7 图层样式的应用

图层样式是添加在当前图层或图层组上的特殊效果，它不仅可以丰富画面效果，还可以强化画面主体。Photoshop 提供了斜面和浮雕、描边、内阴影、内发光、光泽、颜色叠加、渐变叠加、图案叠加、外发光与投影 10 种图层样式。这些图层样式在当前图层上既可以单独使用，也可以叠加使用。

单击"图层"面板右上角"面板菜单"按钮，弹出面板菜单，选择"混合选项"命令，将弹出"图层样式"对话框，如图3-72所示。在此对话框中可以选择不同的图层样式。单击对话框左侧的任意选项，将会弹出相对应的效果对话框。用户也可以单击"图层"面板下方的"添加图层样式"按钮，弹出效果菜单，如图3-73所示。

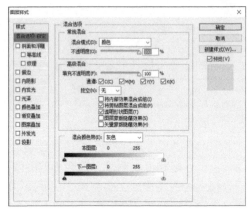

图3-72

图3-73

"斜面和浮雕"样式用于使图层内容呈现立体的浮雕效果，"描边"样式用于描画对象的轮廓，"内阴影"样式用于使图层内容产生凹陷效果，效果如图3-74所示。

斜面和浮雕

描边

内阴影

图3-74

"内发光"样式用于创建图层边缘向内发光效果，"光泽"样式用于生成光滑的内部阴影，"颜色叠加"样式用于在图层上叠加指定的颜色，效果如图3-75所示。

内发光

光泽

颜色叠加

图3-75

"渐变叠加"样式用于在图层上叠加指定的渐变颜色,"图案叠加"样式用于在图层上叠加指定的图案,"外发光"样式用于沿图层内容的边缘向外创建发光效果,"投影"样式用于给图层内容添加投影,效果如图 3-76 所示。

渐变叠加	图案叠加	外发光	投影

图 3-76

3.8 综合实训:制作金属质感文字

素材:第 3 章 \3.8 综合实训:制作金属质感文字

微课视频

实训目标

熟练掌握图层混合模式、图层样式的使用方法。

操作步骤

01 打开"文字"素材文件,如图 3-77 所示。

02 单击"图层"面板下方的"添加图层样式"按钮,选择"混合样式"命令,弹出"图层样式"对话框,如图 3-78 所示。

03 勾选"斜面与浮雕"复选框,"样式"选择浮雕效果,如图 3-79 所示。效

图 3-77

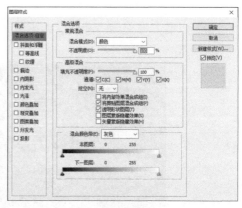

图 3-78

果如图 3-80 所示。

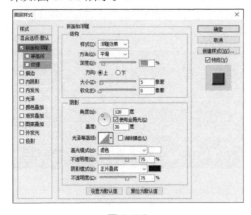

图 3-79 　　　　　　　　　　　　　　　　　图 3-80

04 勾选"光泽"复选框，"混合模式"选择正片叠底。适当调整"距离""大小"滑块，"等高线"选择锥形，如图 3-81 所示。效果如图 3-82 所示。

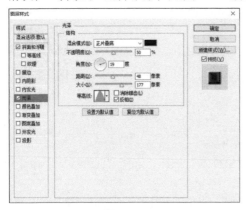

图 3-81 　　　　　　　　　　　　　　　　　图 3-82

05 如果觉得文字的金属质感不够明显，可以调整混合参数。最终效果如图 3-83 所示。

图 3-83

养成良好习惯

　　想要高效学习就必须养成好习惯，工作亦是如此。英国作家萨克雷说："播种行为，可以收获习惯；播种习惯，可以收获性格；播种性格，可以收获命运。"由此可见，养成良好的习惯对于每个人来说都非常有益。以Photoshop的使用习惯为例：①创建或修改文件后，要及时进行保存；②形成使用快捷键的习惯，有利于加快操作速度；③对做好的文件，尽量保存一份PSD格式，便于以后进行修改；④对文件进行规范命名，将文件保存在合理位置，方便文件的查找；⑤删除计算机中不需要的文件，使其高效运行；⑥保持周围环境整洁，营造良好的工作环境。养成这些使用习惯并不困难，并能培养我们做事一丝不苟、有始有终的品德。

课后练习

一、选择题

1. Photoshop 中一共有（　　）种图层类型。
　　A. 8　　　　　　　B. 6　　　　　　　　C. 7　　　　　　　D. 5

2. 合并图层的组合键是（　　）。
　　A. Ctrl+B　　　B. Ctrl+A　　　　C . Ctrl+E　　　D. 　Ctrl+J

3. 新建图层的组合键是（　　）。
　　A. Ctrl+N　　　B. Ctrl+ Shift+N　　　C. Ctrl+G　　　D. Ctrl+Shift+C

二、判断题

1. Photoshop 中一共有 27 种图层混合模式。（　　）
2. 混合模式与图层样式不可以一起使用。（　　）
3. 当下方图层被上方图层遮盖时，用户无法对下方图层进行修改。（　　）

三、简答题

1. 简述图层的分类及其功能和用途。
2. 复制图层的方法有几种？如何操作？
3. 为什么需要栅格化图层？如何操作？

四、操作题

1. 快速合并所有可见图层（素材：第 3 章＼课后练习）。
2. 将一个图层的样式复制到另一个图层上（素材：第 3 章＼课后练习）。

第4章

文字的创建与编辑

本章内容导读

本章将介绍一些基本的文字编排知识，如输入文字、编辑文字、文字的排版、文字的变形等。

掌握重要知识点

- 掌握横排文字工具、直排文字工具的使用方法。
- 掌握"字符"面板、"段落"面板的设置方法。
- 掌握创建路径文字的方法。

学习本章后，读者能做什么

通过学习本章内容，读者可以制作文字并将其应用到各种版面设计中，如海报设计、名片设计、书籍设计等，还可以结合第8章讲到的矢量绘图工具，制作Logo以及各种艺术字。

 **文字工具及其应用**

文字不仅可以传递信息，还能起到美化版面、强化主题的作用，它是版面设计的重要组成部分，是各类设计作品中的常见元素。Photoshop 有非常强大的文字创建和编辑功能，使用这些功能可以在各类设计作品中对文字进行合理编排。

4.1.1 文字工具组和文字工具选项栏

Photoshop 的工具箱中的文字工具组包含 4 种文字工具：横排文字工具、直排文字工具、横排文字蒙版工具和直排文字蒙版工具，如图 4-1 所示。

图 4-1

横排文字工具和直排文字工具主要用于创建实体文字。横排文字工具是实际工作中使用最多的文字工具，用横排文字工具输入的文字是横向排列的；用直排文字工具输入的文字是纵向排列的，常用于古典文学内容的编排。这两个文字工具是本章要详细介绍的对象。

横排文字蒙版工具和直排文字蒙版工具主要用于快速创建文字形状的选区，在实际工作中使用得较少，本章不做详细介绍。图 4-2 所示为使用不同文字工具输入文字的效果。

图 4-2

不同字体、不同大小以及不同颜色的文字传递给人的信息不同，因此为了达到设计要求，在把文字输入版面之前，要对输入的文字进行属性方面的合理设置，而通过文字工具选项栏，用户就可以完成这些设置。由于各种文字工具选项栏中的选项基本相同，这里就以横排文字工具选项栏为例进行介绍。单击横排文字工具，或按快捷键"T"，其选项栏如图 4-3 所示。

图 4-3

切换文本取向 单击该按钮可使文本在横排文字和直排文字之间进行切换。
设置字体 用户可在该选项的下拉列表中选择需要的字体。

设置字体样式 字体样式是单个字体的变体，如 Regular（常规）、Bold（粗体）、Italic（斜体）和 Bold Italic（粗体斜体）等，该选项只对部分字体有效。

设置字体大小 在该选项的下拉列表中可以选择需要的字号，也可以直接输入数值。

消除锯齿 在该选项中选择"无"，表示不进行消除锯齿处理；选择"锐利"，表示文字以最锐利的方式显示；选择"犀利"，表示文字以稍微锐利的效果显示；选择"浑厚"，表示文字以厚重的效果显示；选择"平滑"，表示文字以平滑的效果显示。

文本对齐方式 用于设置输入文字时文本的对齐方式，包括左对齐文本、居中对齐文本和右对齐文本。

设置字体颜色 单击颜色色块可以打开"拾色器"，设置文字的颜色。

创建文字变形 单击该按钮，可以打开"变形文字"对话框，在对话框中设置变形文字。

切换字符和段落面板 单击该按钮，可以打开或隐藏"字符"和"段落"面板。

课堂练习 **为舞蹈宣传海报添加文字**

素材：第4章\ 4.1.1 为舞蹈宣传海报添加文字 　　　　重点指数：★★

微课视频

操作思路： 使用文字工具，输入文字并修改其大小及颜色。

图 4-4

01 打开舞蹈宣传海报素材文件，素材中的背景和主体图形已经设计完成，如图 4-4 所示，下面使用文字工具输入标题文字，用于突出主题。

02 创建点文本。单击工具箱中的直排文字工具，在其选项栏中设置合适的字体、字号、颜色等文字属性，如图 4-5 所示。需要注意的是，这些属性只是初步设置的，如果感觉不合适后面可以重新修改这些属性。

图 4-5

03 在画面中合适的位置单击，单击处出现闪烁的光标，此处为文字的起点，如图 4-6 所示，直接输入文字"正能量"，文字沿竖向进行排列，如图 4-7 所示。

04 单击工具选项栏中的 ✔ 按钮（或按"Ctrl+Enter"组合键），

图 4-6

图 4-7

即可完成文字的输入，此时"图层"面板中会生成一个文字图层，如图 4-8 所示，输入文字后的效果如图 4-9 所示。

图 4-8   图 4-9

05 若版面中的文字大小不合适，可适当调大。将鼠标指针移至文字中并单击，文本中出现闪烁的光标，此处被称作"插入点"，当鼠标指针在插入点处时，按 "Ctrl+A"组合键可选中全部文本，如图 4-10 所示。在工具选项栏中将"字体大小"值调大，效果如图 4-11 所示。

图 4-10   图 4-11

06 移动文本至合适位置。在文本处单击，然后将鼠标指针放在文本外，当鼠标指针呈 形状时，按住鼠标左键并拖动，将文字移至合适的位置，如图 4-12 所示，单击文字工具选项栏中的 按钮结束文字的编辑。使用同样的方法在画面中输入其他文字，设置文字的属性并调整文字的位置，最终效果如图 4-13 所示。

图 4-12   图 4-13

4.1.2 使用"字符"面板

"字符"面板和文字工具选项栏一样，也可用于设置文字的属性。"字符"面板提供了比文字工具选项栏更多的选项，在文字工具选项栏中单击"切换字符和段落面板"按钮 ，打开"字符"面板，如图 4-14 所示，在该面板中字体、字体大小和字体颜色等选项的设置方法都与文字工具选项栏中相应的选项相同，下面介绍"字符"面板中的其他选项。

水平缩放 / **垂直缩放** 水平缩放用于调整单个字符的宽度，垂直缩放用于调整单个字符的高度。当这两个百分比相同时，可进行等比缩放；不同时，可进行不等比缩放。使用直排文字工具输入文字，"水平缩放"与"垂直缩放"值均为 100%，文字显示效果如图 4-15 所示；当"垂直缩放"值为 120%，"水平缩放"值

图 4-14

为 100% 时，文字显示效果如图 4-16 所示；当"垂直缩放"值为 100%，"水平缩放"值为 120%，文字显示效果如图 4-17 所示。

图 4-15   图 4-16   图 4-17

设置行距 用于调整文本行之间的距离，数值越大间距越宽。图 4-18 所示为分别设置不同行距的效果。

设置两个字符间的字距 用来调整两个字符之间的间距，在操作时首先要在两个字符之间单击，设置插入点，如图 4-19 所示，然后再调整数值。图 4-20 所示为增加该值后的文本效果，图 4-21 所示为减少该值后的文本效果。

图 4-18   图 4-19

设置所选字符的字距   选中部分字符时，在该选项中输入数值，可调整所选字符的间距，如图 4-22 所示；没有选择字符时，在该选项中输入数值，可调整所有字符的间距，如图 4-23 所示。

设置所选字符的比例间距 通过该选项用户可以设置选定字符的间距，但以比例为修改依据。选中字符后，在下拉列表中选择一个百分比，或直接在文本框中输入一个整数，即可修改选定文字的比例间距，选择的百分比越大，字符间距就越小。

设置基线偏移 该选项用于设置字符与基线的距离，使用它可以升高或降低所选字符。

特殊字体样式 该选项组提供了多种设置特殊字体样式的按钮，从左到右依次是"仿粗体""仿斜体""全部大写字母""小型大写字母""上标""下标""下划线"和"删除线"8 种。选中要应用特殊字体样式的字符以后，单击这些按钮即可应用相应的特殊字体样式，应用前后的对比如图 4-24 和图 4-25 所示。同一个字符可以叠加应用多种特殊字体样式，如图 4-26 所示。

图 4-20 图 4-21

调整选中文字的字符间距 调整所有文字的字符间距

图 4-22 图 4-23

未应用特殊字体 应用仿斜体 应用仿斜体和下划线

图 4-24 图 4-25 图 4-26

4.1.3 创建段落文本

段落文本输入特点：可自动换行（列），可调整文字区域大小，常用在文字较多的场合，如报纸、杂志、企业宣传册中的正文或产品说明等。

段落文本输入方法：单击横排文字工具或直排文字工具后在画布中单击并拖出一个界定框，如图 4-27 所示；框内呈现闪烁的插入点，即可进行文字的输入，效果如图 4-28 所示。

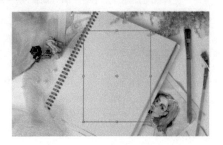

图 4-27   图 4-28

4.1.4 使用"段落"面板

"段落"面板中的选项可以用来设置段落的属性，如文本对齐方式、缩进方式、避头尾法则等。在文字工具选项栏中单击"切换字符和段落面板"按钮，打开"段落"面板，如图 4-29 所示。

在画面中创建段落文本后，就需要对段落文本进行编辑，以使文字排列整齐划一，符合排版要求。例如，在实际工作中，用户要解决以何种方式对齐段落文本，如何设置首行缩进，如何控制段前段后距离等问题。

图 4-29

1. 设置段落对齐方式

最后一行左对齐 最后一行左对齐，其他行左右两端强制对齐。
最后一行居中对齐 最后一行居中对齐，其他行左右两端强制对齐。
最后一行右对齐 最后一行右对齐，其他行左右两端强制对齐。
全部对齐 所有行左右两端强制对齐。

2. 设置段落缩进方式

左缩进 横排文字从段落左边缩进，直排文字从段落顶端缩进。
右缩进 横排文字从段落右边缩进，直排文字从段落底端缩进。
首行缩进 用于设置段落文本每个段落的第一行向右（横排文字）或第一列文字向下（直排文字）的缩进量。
段前添加空格 和**段后添加空格** 用于控制所选段落的间距。

4.2 文字的特殊操作

4.2.1 文字变形

在制作艺术字时，经常需要对文字进行变形操作，这时就需要使用文字工具选项栏中的"创建文字变形"按钮实现。下面通过制作一张母亲节贺卡，学习如何使文字变形，具体操作如下。

01 打开母亲节贺卡文件，单击横排文字工具，在文字工具选项栏中设置字体、字体大小、字体颜色等，如图4-30所示，然后在画布中创建一行文字，如图4-31所示。

字体颜色选用玫红色（色值为"R242 G71 Bl37"），该颜色既能体现节日的温馨，又与卡通图像的色彩相协调。

图4-30

图4-31

02 单击文字工具选项栏中的"创建文字变形"按钮，打开"变形文字"对话框，"样式"下拉列表中包含多种文字变形样式，如图4-32所示。选择不同的变形方式产生的文字变形效果不同，并且用户可以通过在该对话框中设置"弯曲""水平扭曲""垂直扭曲"等参数来调整文字的变形程度。本例中文字的变形样式选择"扇形"，设置"弯曲"值为+40%，如图4-33所示，应用后的效果如图4-34所示。

图4-32

图4-33

图4-34

4.2.2 创建路径文字

除了变形文字以外，有时候我们需要使用一些不规则排列的文字（如使文字围绕某个图形排列），以实现不同的设计效果。这时就要用到路径文字，以让文字按照用户想要的方式排列：使用钢笔工具或形状工具绘制路径，在路径上输入文字后，文字会沿路径排列。

下面通过制作夏日促销海报，学习如何创建路径文字，具体操作步骤如下。

01 打开素材文件，如图4-35所示。

02 为了给输入文字提供排列依据，需要先绘制路径（关于路径内容的讲解详见第8章与路径相关的内容），如图4-36所示。

03 选择横排文字工具并在路径上单击，此时路径上出现文字的插入点，如图4-37

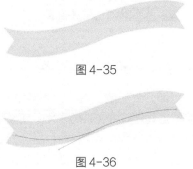

图4-35

图4-36

所示。

04 输入文字，文字会沿路径进行排列，如图 4-38 所示。

05 改变路径形状，文字的排列方式也会随之发生变化，如图 4-39 所示。

图 4-37

图 4-38

图 4-39

06 完成路径文字的输入后，在画面空白处单击即可隐藏路径。将该文字应用到促销海报中，可为文字添加描边效果。最终效果如图 4-40 所示。

图 4-40

4.2.3 将文字转换为形状

选中文字图层，执行"文字" > "转换为形状"命令；或者直接在文字图层上单击鼠标右键，选择"转换为形状"命令，即可将文字图层转换为具有矢量蒙版的形状图层，原文字图层不会保留，如图 4-41 所示。

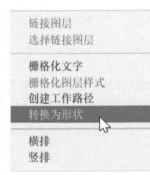

图 4-41

4.2.4 栅格化文字

部分效果或工具如滤镜效果和绘图工具不可用于文字图层，必须在添加效果或使用工具之前将文字栅格化，使文字变为图像。注意文字栅格化后不能再作为文本进行编辑。选中文字图层并执行"图层" > "栅格化文字"命令；或者直接在文字图层上单击鼠标右键，选择"栅格化文字"命令，即可将文字栅格化，如图 4-42 所示。

图 4-42

4.3 综合实训：制作美食文字 Logo

素材： 第 4 章 \4.3 综合实训：制作美食文字 Logo

实训目标

熟练使用文字工具输入文字，使用路径形状变形文字。

微课视频

操作步骤

01 新建文件并输入文字，如图 4-43 所示。

02 执行菜单栏中的"文字">"创建工作路径"命令，可以基于文字生成路径。原文字图层保持不变（为了观察路径，可隐藏文字图层），如图 4-44 所示。

03 使用转换点工具与删除锚点工具调整路径形状，效果如图 4-45 所示。

 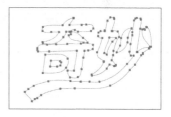

图 4-43　　　　　　　图 4-44　　　　　　　图 4-45

04 设置前景色为白色，单击钢笔工具，在其工具选项栏中将绘图模式设置为"路径"，单击"形状"按钮，此时路径会自动用前景色填充并生成一个形状图层"形状 1"，将文字图层隐藏，如图 4-46 和图 4-47 所示。

05 打开素材文件中的 Logo 底图，如图 4-48 所示。使用移动工具将"形状 1"图层拖曳到 Logo 底图中，按"Ctrl+T"组合键调整文字大小，完成 Logo 的设计，如图 4-49 所示。将 Logo 应用到食品包装的设计中，效果如图 4-50 所示。

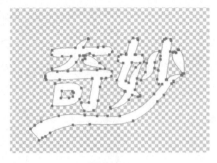

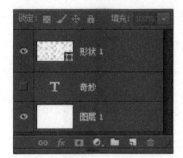

图 4-46

图 4-47

图 4-48

图 4-49

图 4-50

字如其人，人如其字。

　　文字是文化传承的载体，中华文明的博大精深赋予了汉字极为丰富的内涵，古人历来就有："字如其人，人如其字，文如其人，文以载道"之说，提倡"作字先做人，心正则正"。字如其人，写字要横平竖直，方方正正，先方后圆。做人也要行直走正，踏踏实实，先方后圆。人若能先方，即少年的时候，能吃苦，磨练磨练，修身治学，品行方端，后必成材。比如，王羲之品德清纯，他的字清秀超逸，举止安和；虞世南、褚遂良、柳公权文章妙古今，忠义贯日月，其书法朴质敦厚，充满严正之气；欧阳询、欧阳通父子不同流俗，其书法险劲秀拔；苏东坡书法旷达豪放；颜真卿刚正不阿，临危不惧，他的字也刚劲雄健，结体严谨，法度完备，"望之知为盛德君子也"，让人感受到一种浩然正气。凡此皆字如其人，自然流露者，都可以从他们书法作品中体会到他们这些高尚品德。

📈 课后练习

一、选择题

　　1.文字工具的快捷键是（ ）。

　　A. T　　　　　　　B. J　　　　　　　C. B　　　　　　　D. X

2.不是文字工具组输入文字的工具是（　　）。

　　A.横排文字工具　　　　　　　　B.直排文字工具

　　C.直排文字蒙版工具　　　　　　D.铅笔工具

3.在 Photoshop 中文本不能转换成（　　）。

　　A.工作路径　　　B.快速蒙版　　　C.普通图层　　　D.形状

二、判断题

1.一旦创建横向文本就无法将其修改为竖向。（　　）

2.文本图层无法使用自由变换工具。（　　）

3.同一文本框内的文字无法使用不同的字体。（　　）

三、简答题

1.给文字图层进行栅格化处理的原因是什么？

2.在什么情况下应使用段落文本？

3.如何创建路径文字？

四、操作题

1.制作时尚杂志封面（素材：第4章\课后练习）。

2.创建路径文字并制作简单的 Logo（素材：第4章\课后练习）。

第 5 章

选区的应用

本章内容导读

创建选区是图像编辑过程中常用的操作，通过创建选区，用户可以方便地对图像的局部区域进行编辑，如局部调色、抠图、描边或填充等。本章主要讲解创建选区的方法、常用的抠图工具以及编辑选区的技巧等。

掌握重要知识点

● 掌握选框工具、套索工具的使用方法。
● 掌握选区的运算方法。
● 掌握选区的取消、全选和反选的使用方法。

学习本章后，读者能做什么

通过学习本章内容，读者可以在进行海报、包装、宣传单页和网店主图等的设计时完成创建与编辑选区、抠图和更换背景等操作。

5.1 认识选区

在 Photoshop 中，选区就是使用选区工具或命令创建的用于限定操作范围的区域，呈现为闪烁的黑白相间的虚线框。选区主要有以下 3 种用途。

图 5-1

绘制选区 在 Photoshop 中，用户可以通过创建选区，并为选区填充颜色或图案来绘制图像。图 5-1 所示图像中的矩形框就是通过此种方法绘制的。

图像的局部处理 在使用 Photoshop 处理图像时，为了达到最佳的处理效果，经常需要把图像分成多个不同的区域，以便对这些区域分别进行编辑处理。选区的功能就是把这些需要处理的区域选出来。创建选区以后，用户可以只编辑选区内的图像内容，选区外的图像内容则不受编辑操作的影响。例如，要修改图 5-2 中的背景颜色，可先通过创建选区将画面中的背景区域选中，再调整颜色，这样操作就可以达到只更改背景颜色，而不改变人物颜色的目的，效果如图 5-3 所示；如果没有创建选区，在进行颜色调整时，整幅图像的颜色都会被调整，效果如图 5-4 所示。

图 5-2　　　　　　　　　　图 5-3　　　　　　　　　　图 5-4

分离图像（抠图） 将图像的某一部分从原始图像中分离出来成为单独的图层，这个操作过程被称为抠图。抠图的主要目的是为图像的后期合成做准备。打开一幅图像，如图 5-5 所示，抠取食物和勺子，效果如图 5-6 所示。

图 5-5　　　　　　　　　　图 5-6

5.2 创建选区

Photoshop 提供了多种用于创建选区的工具和命令，它们都有各自的特点，读者可以根据图像内容和处理要求，选择不同的工具或命令来创建选区。下面讲解用于创建选区的工具和命令，以及该在什么情况下使用它们。

5.2.1 矩形选框工具

使用矩形选框工具可以绘制长方形、正方形选区。矩形选框工具在平面设计中的应用非常广泛。

选择矩形选框工具■或按快捷键"M"，其选项栏如图 5-7 所示。

图 5-7

新选区 每次新建新选区都会覆盖上一个选区。

从选区减去 新选区与上一个选区相交的部分以及新选的剩余部分都会被减去，缩减选区范围。在新选区状态下按住"Alt"键可以快速切换为从选区减去的状态，松开"Alt"键可以取消从选区减去的状态。

添加到选区 新选区会与上一个选区合并，扩展选区范围。在新选区状态下，按住"Shift"键可以快速切换为从选区添加的状态，松开"Shift"键可以取消从选区添加的状态。

与选区交叉 只保留新选区和上一个选区相交的部分。在新选区状态下，先按住"Alt"键，再按住"Shift"键可以快速切换为与选区交叉的状态，松开"Alt"键和"Shift"键可以取消与选区交叉的状态。

下面就以某化妆品广告设计为例，介绍矩形选框工具的使用方法。

01 打开素材文件，单击工具箱中的矩形选框工具，在图像上按住鼠标左键并向右下方拖动鼠标指针，释放鼠标左键后就创建了一个矩形选区，如图 5-8 所示。

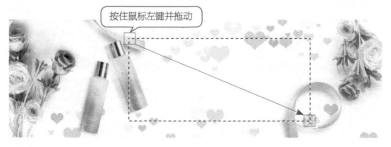

图 5-8

02 新建一个图层，将选区填充为粉色，如图 5-9 所示。

图 5-9

03 填充颜色后，按"Ctrl+D"组合键取消选区。然后为色块添加投影效果，并在色块的上方输入文字，绘制装饰边框，效果如图 5-10 所示。

图 5-10

5.2.2 椭圆选框工具

椭圆选框工具的使用方法与矩形选框工具一样，只是绘制的形状不同。图 5-11 所示的广告中的圆形元素就是使用椭圆选框工具创建的。

图 5-11

 提示

选框工具小技巧

　　使用选框工具时，按住"Shift"键并拖动鼠标指针可以创建正方形或圆形选区；按住"Alt"键并拖动鼠标指针，会以单击点为中心向外创建选区；按住"Alt+Shift"组合键并拖动鼠标指针，会以单击点为中心向外创建正方形或圆形选区。

5.2.3 套索工具

套索工具可用于绘制不规则选区，如果对选区的形状和准确度要求不高，可以使用套索工具来创建选区。

选择套索工具 ，其选项栏如图5-12所示。

图5-12

选择套索工具，在人物面部的边缘处按住鼠标左键，沿面部轮廓拖动鼠标指针绘制选区，绘至起点处释放鼠标左键，即可创建封闭选区，如图5-13和图5-14所示。

图5-13　　　　　　　　　　　　　　　图5-14

课堂练习　**使用多边形套索工具制作海报底层**

素材：第5章\ 5.2.3 使用多边形套索工具制作海报底层　重点指数：★★★

微课视频

操作思路：使用多边形套索工具，配合渐变填充快速制作背景。最终效果如图5-15所示。

01 打开运动饮料宣传海报的设计文件，如图5-16所示，可以看到画面背景比较单调。

图5-15　　　　　　　　　　　　　　　图5-16

02 单击多边形套索工具，在画面的左上角处单击，移动鼠标指针到需要绘制的拐角处单击从而形成直线段，然后移动到下一个需要绘制的拐角处单击，依次单击创建首尾相连的多条直线段，如图5-17和图5-18所示。在创建选区的过程中，按住"Shift"键可以在水平、垂直或45°方向上绘制直线；如果在操作时绘制的直线不够准确，可以按"Delete"键删除，连续按"Delete"键可依次向前删除。

图 5-17

图 5-18

03 要封闭选区，可以将鼠标指针移到起点处，此时鼠标指针呈 形状，单击即可封闭选区，如图 5-19 和图 5-20 所示。创建选区后，在选区内填充一个渐变蓝色，如图 5-21 所示。关于渐变颜色填充的具体操作方法见第 7 章。

图 5-19

图 5-20

 5.3 选区的运算

选区运算，是指在已有选区的情况下，添加新选区或从选区中减去选区等。在使用选框工具、套索工具、魔棒工具、对象选择工具时，在其工具选项栏中均有 4 个按钮，用于帮助用户完成选区的运算，如图 5-22 所示。

为了更直观地看到选区的运算效果，下面以椭圆选框工具 绘制的选区为例，讲解选区的运算方法，具体操作如下。

图 5-21

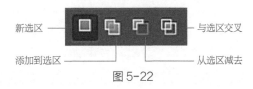

图 5-22

新选区 单击该按钮后，再单击图像可以创建一个新选区；如果图像中已有选区存在，则新选区会替代原有选区。图 5-23 所示为新建的圆形选区。

添加到选区 单击该按钮后，再单击图像可在原有选区的基础上添加新选区。在图 5-23 所示选区的基础上，单击"添加到选区"按钮，再单击右边的橙子，则新选区将添加到原有选区中，如图 5-24 所示。

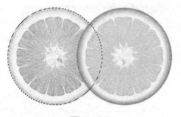

图 5-23

图 5-24

从选区减去　单击该按钮后，再单击图像可从原有选区中减去新选区。在图 5-24 所示选区的基础上，单击"从选区减去"按钮，再单击右边的橙子，则将从原有选区减去新选区，如图 5-25 所示。

与选区交叉　单击该按钮后，再单击图像，画面中将只保留原有选区与新选区相交的部分。在图 5-25 所示选区的基础上，单击"与选区交叉"按钮，再单击右边的橙子，则图像中只保留原有选区和新选区相交的部分，如图 5-26 所示。

图 5-25

图 5-26

5.4　常用抠图工具

Photoshop 提供了多种用于抠图的工具，如魔棒工具、快速选择工具等。

5.4.1　魔棒工具

魔棒工具是根据图像的颜色差异来创建选区的工具。对于一些分界线比较明显的图像，通常可使用魔棒工具进行快速抠图。

选择魔棒工具■或按快捷键"W"后可看到其选项栏，如图 5-27 所示。

图 5-27

容差　该选项用于控制选区的颜色范围，数值越小，选区内与单击点相似的颜色越少，选区的范围就越小；数值越大，选区内与单击点相似的颜色越多，选区的范围就越大。在图像的同一位置单击，设置不同的"容差"值，所选的区域也不一样。

连续　勾选该复选框，则只选择与鼠标指针单击点颜色相接的区域；取消勾选该复选框，则选择与鼠标指针单击点颜色相近的所有区域。

下面以手提包图像为例，讲解使用魔棒工具抠图的方法。

01 打开手提包图像，单击工具箱中的魔棒工具，在其选项栏中将"容差"设置为20，在背景上单击即可选中背景，如图5-28所示。

02 按住"Shift"键在未选中的背景处单击，可将其他背景内容添加到选区中，效果如图5-29所示。

图5-28　　　　　　　　　　　　　　　图5-29

5.4.2　快速选择工具

快速选择工具和魔棒工具一样，也是根据图像的颜色差异来创建选区的工具。它们的区别：魔棒工具通过调节容差值来调整选择区域，而快速选择工具通过调节画笔大小来控制选择区域的大小，形象一点讲就是使用快速选择工具可以"画"出选区。

选择快速选择工具后可看到其选项栏，如图5-30所示。

图5-30

下面我们以为汉堡和薯条图像创建选区为例，介绍快速选择工具的具体使用方法。

01 打开素材图像，单击工具箱中的快速选择工具，将鼠标指针放在汉堡内，按住鼠标左键沿汉堡边缘处拖动涂抹，涂抹的地方会被选中，并且Photoshop会自动识别与涂抹区域的颜色相近的区域并不断向外扩张，效果如图5-31所示。

02 使用快速选择工具选中汉堡和薯条后的效果如图5-32所示。

图5-31　　　　　　　　　　　　　　　图5-32

快速选择工具小技巧

使用快速选择工具时，按"["和"]"键可以快速控制笔尖大小。切换到英文输入状态，按"["键可以将笔尖调小，按"]"键可以将笔尖调大。

5.5 编辑选区

在图像中创建选区后，可以对选区进行全选、反选、取消、重新选择、移动、扩展、收缩、羽化等操作，使选区更符合要求。

5.5.1 全选与反选

1. "全选"命令

想要选中一个图层中的全部对象，可以使用"全选"命令。该命令常用于对图像的边缘进行描边。打印白底图像时，打印前需要对图像四周进行描边，以便显示图像的边界。例如，要将一批工作证打印并裁剪出来，就需要对图像四周进行描边，具体操作如下。

01 打开一个工作证的设计文件，如图5-33所示。

02 执行菜单栏中的"选择">"全部"命令或按"Ctrl+A"组合键，可以选中文件内的全部图像，如图5-34所示。

03 执行菜单栏中的"编辑">"描边"命令，弹出"描边"对话框。在该对话框中设置"宽度"为1像素、"颜色"为"C0 M0 Y0 K30"（颜色不宜太深，打印后能看清分界即可）、"位置"为居中，设置完成后单击"确定"按钮完成描边操作，如图5-35和图5-36所示。

图5-33

图5-34

图5-35

图5-36

2. "反选"命令

如果想要创建与当前选择内容相反的选区，就要使用"反选"命令。下面以与榨汁机广告图有关的操作为例介绍"反选"命令的使用方法。

01 打开榨汁机广告图，发现产品图的背景比较简单，图像显得单调，如图5-37

所示。做平面广告时为了表现榨汁机的特色，常需要为其添加新鲜水果、果汁和令人感到清新的背景，从而点缀画面，增加画面的活力。这时就需要将榨汁机抠取出来。

02 从画面中可以看到该产品图背景简单、主体突出，比较容易抠取，使用魔棒工具在画面背景处单击，选中画面背景，如图 5-38 所示。

图 5-37　　　　　　　　　　　　　　　图 5-38

03 执行菜单栏中的"选择">"反选"命令或按"Ctrl+Shift+I"组合键，反选选区从而选中榨汁机，如图 5-39 所示。从前面的学习中我们知道可以通过删除背景抠出主体，将主体添加到广告设计文件中。学习"反选"命令后，我们可以反向选择主体，然后使用移动工具将鼠标指针放到选区内，当鼠标指针变为 ▶ 形状后，按住鼠标左键并拖动榨汁机，将它移动到广告设计文件中。效果如图 5-40 所示。

按住鼠标左键并拖动

图 5-39　　　　　　　　　　　　　　　图 5-40

5.5.2　取消选区与重新选择

选区通常针对图像局部进行操作，如果不需要对局部进行操作了，就可以取消选区。执行菜单栏中的"选择">"取消选择"命令或按"Ctrl+D"组合键，可以取消选区。

如果不小心取消了选区，可以将选区恢复回来。要恢复被取消的选区，可以执行菜单栏中的"选择">"重新选择"命令。

5.5.3　移动选区

在图像中创建选区后，可以对选区进行移动。移动选区不能使用移动工具，而要使用选区工具，否则移动的是图像，而不是选区。

将鼠标指针移到选区内，当鼠标指针变为 ▶◫ 形状后，按住鼠标左键进行拖动，如图5-41所示。拖动到合适位置后释放鼠标左键，完成移动选区的操作，如图5-42所示。

图5-41   图5-42

5.5.4 扩展与收缩选区

使用"扩展"命令，可以由选区中心向外放大选区；使用"收缩"命令，可以由选区中心向内缩小选区。

1. "扩展"命令

打开素材，如图5-43所示。执行菜单栏中的"选择">"修改">"扩展"命令，弹出"扩展选区"对话框，如图5-44所示，单击"确定"按钮完成设置，扩展选区范围效果如图5-45所示。

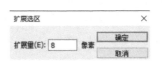

图5-43   图5-44   图5-45

2. "收缩"命令

打开素材，如图5-46所示。执行菜单栏中的"选择">"修改">"收缩"命令，弹出"收缩选区"对话框，如图5-47所示，单击"确定"按钮完成设置，收缩选区范围效果如图5-48所示。

图5-46   图5-47   图5-48

5.5.5 羽化选区

"羽化"命令可以将边缘较"硬"的选区变为边缘比较"柔和"的选区。在合成图像时，适当羽化选区，能够使选区边缘产生逐渐透明的效果，使选区内外衔接的部分虚化，起到渐变的作用从而达到自然衔接的效果。

在画面中创建椭圆选区，如图 5-49 所示，执行菜单栏中的"选区">"修改">"羽化"命令或按"Shift+F6"组合键打开"羽化选区"对话框，在该对话框中通过调整"羽化半径"数值可以控制羽化范围，羽化半径越大，选区边缘越柔和，本例将"羽化半径"设置为 50 像素，如图 5-50 所示。羽化选区后，反选选区，将选区外的图像删除，效果如图 5-51 所示。

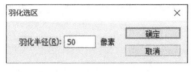

图 5-49　　　　　　　　图 5-50　　　　　　　　图 5-51

5.6　综合实训：宠物用品店铺海报

素材： 第 5 章 \5.6 综合实训：宠物用品店铺海报

微课视频

实训目标

熟练掌握对选区的抠图及调整。

处理前后效果如图 5-52 和图 5-53 所示。

操作步骤

01 执行菜单栏中的"文件">"新建"命令，在弹出的"新建文档"对话框中设置"宽度"为 40 厘米，"高度"为 60厘米，"分辨率"为 72 像素 / 英寸，"颜色模式"为 CMYK 颜色，"背景内容"为白色，如图 5-54所示。设置前景色为粉色，色值为"C10 M58 Y22 K0"。选中"背景"图层，按"Alt+Delete"

原图

效果图

图 5-52　　　　　　　　图 5-53

组合键用前景色填充，如图 5-55 所示。

02 打开素材，单击快速选择工具 ，涂抹图中宠物以及阴影部分，如图 5-56 所示。

图 5-54   图 5-55   图 5-56

03 使用移动工具，将选区中的图像移动到当前文件中，如图 5-57 所示。按 "Ctrl+T" 组合键变换图像大小，缩小到合适尺寸，如图 5-58 所示，按 "Enter" 键确认操作。

04 使用矩形选框工具选中宠物下方的投影，按 "Ctrl+T" 组合键创建变换框，按住 "Shift" 键并向下拖动，将投影拉到画面底部，如图 5-59 和图 5-60 所示。按 "Enter" 键确认操作，按 "Ctrl+D" 组合键取消选区。

图 5-57   图 5-58   图 5-59   图 5-60

05 使用矩形选框工具选中宠物下方的投影如图 5-61 所示，按 "Shift+F6" 组合键，弹出 "羽化选区" 对话框，设置 "羽化半径" 为 62 像素。羽化后按 "Delete" 键删除选区中的图像，如果一次删除效果不理想，可以再按一次 "Delete" 键删除，使其与背景自然融合，如图 5-62 所示。

06 新建一个图层，重命名为 "画笔涂抹"，使用画笔工具在宠物的边缘处涂抹一层淡淡的粉色，使宠物与背景色自然融合，如图 5-63 所示。

07 添加海报中的重要信息，如店铺 Logo、地址和电话等，再输入具有吸引力的广告语以及装饰边框，使海报

图 5-61   图 5-62

的内容更丰富。最终效果如图 5-64 所示。

合规守法

　　Photoshop的功能很强大，可以实现的效果非常丰富，如照片换脸、文字修改、人物风景合成等。但要注意，我们不能用它做违法的事情，如把恶搞同学的图片发布到网络上、侵犯他人肖像权、伪造、变造公章等。

图 5-63

图 5-64

课后练习

一、选择题

　　1.选框工具的快捷键是（　　）。

　　A. C　　　　　　B. G　　　　　　C. M　　　　　　D. L

　　2.如果使用矩形选框工具画出一个以鼠标单击点为中心的正方形选区应按住（　　）组合键。

　　A. Ctrl+Alt　　B. Ctrl+ Shift　　C . Shift+Alt　　D. Ctrl+Shift+Alt

　　3.按（　　）键可以减少选取范围。

　　A. Ctrl　　　　B. Alt　　　　　C. Shift+Alt　　D. Ctrl+Shift+Alt

二、判断题

　　1.套索工具与选框工具的功能是一致的。（　　）

　　2.魔棒工具的快捷键是 M。（　　）

　　3.选区只能增加不能删除。（　　）

三、简答题

　　1.使用魔棒工具选取的颜色范围太大该怎么办?

　　2.如何给已经创建好的选区添加羽化效果?

　　3.简述选区的概念及作用。

四、操作题

　　1.使用选区工具替换天空（素材：第 5 章＼课后练习）。

　　2.使用所学工具抠出人物（素材：第 5 章＼课后练习）。

第 6 章

图像的调整

本章内容导读

本章主要讲解图像颜色的基础知识、图像颜色与色调的调整以及图像修复。图像修复主要指修饰图像中的瑕疵，可使用的工具有污点修复画笔工具、修补工具、仿制图章工具等。

掌握重要知识点

- 掌握配色原则。
- 掌握常用调色命令。
- 掌握图像修复的方法。

学习本章后，读者能做什么

通过学习本章内容，读者能掌握调色所需要的颜色基础知识和配色原则，能综合运用多种 Photoshop 调色命令制作宽幅照片，校正透视畸变照片，还能去除人物面部的痘痘、皱纹及服装上的多余褶皱，去除背景杂物，修改穿帮画面等。

6.1 图像颜色的基础知识

颜色调整也称为调色，它在平面设计、服装设计、摄影后期处理等多种设计和图像处理工作中是一道重要的环节，甚至决定着一件作品的最终效果。Photoshop提供了大量的颜色调整功能供用户使用，用户可以通过拖动滑块、拖动曲线、设置参数值等方式进行颜色调整，但是它并没有告诉用户该拖动多远、拖动到哪里、设置参数值为多少才能把颜色调好。调色全凭用户的感觉来完成：感觉好，调出来的颜色就让人觉得舒服；感觉差，调出来的颜色就与整体效果不匹配。要有好的感觉，除了多看优秀的设计作品，掌握色彩的三大属性（色相、饱和度和明度）和配色原则等知识也很重要。

6.1.1 Photoshop中常用的颜色模式

颜色模式是用数值记录图像颜色的方式，它将自然界中的颜色数字化，这样就可以通过相机、计算机显示器、打印机、印刷机等设备呈现颜色。颜色模式分为RGB颜色模式、CMYK颜色模式、HSB模式、Lab颜色模式、位图模式、灰度模式、索引颜色模式、双色调模式和多通道模式。下面就来认识几种常用的颜色模式。

1. RGB颜色模式

RGB颜色模式 以"色光三原色"为基础建立的颜色模式，针对的媒介是计算机显示器、电视屏幕、手机屏幕等显示设备，是屏幕显示的最佳颜色模式。RGB分别指红色（Red）、绿色（Green）和蓝色（Blue），如图6-1所示，它们按照不同比例混合，即可在屏幕上呈现自然界中各种各样的颜色。

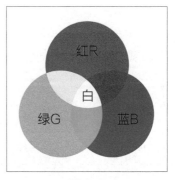

图6-1

"RGB"数值代表的是这3种光的强度，它们各有256级强度，用数字表示为0~255。256级的RGB颜色能组合出约1678万种（256×256×256）颜色。3种光的强度都最弱时（R、G、B值均为0），便生成黑色；3种光的强度都最强时（R、G、B值均为255），便生成白色。

通常，我们会在RGB颜色模式下调整图像颜色。

2. CMYK颜色模式

CMYK颜色模式 以"印刷三原色"为基础建立的颜色模式，针对的媒介是油墨，是一种用于印刷的颜色模式。

和"RGB"类似，"CMY"指的是3种印刷油墨色——青色（Cyan）、洋红色（Magenta）和黄色（Yellow）。从理论上来说，只需要"CMY"3种印刷油墨色就

图 6-2

足够了，它们 3 个等比例加在一起能得到黑色。但是，由于目前制造工艺的限制，厂家还不能制造出高纯度的油墨，"CMY" 3 种颜色相加的结果实际是深灰色，不足以表现画面中最暗的部分，因此"黑色"就由单独的黑色油墨来呈现。黑色（Black）使用其英文单词的末尾字母"K"表示，为的是避免与蓝色（Blue）混淆，如图 6-2 所示。

CMYK 数值以百分比形式显示，数值越大，颜色越暗；数值越小，颜色越亮。

因为 RGB 颜色模式的色域（颜色范围）比 CMYK 颜色模式的色域广，所以在 RGB 颜色模式下设计出来的作品在 CMYK 颜色模式下印刷出来时，会存在色差。为了减少色差，一是使用专业的显示器，二是要对显示器进行颜色校正（通过专业软件）。

需要注意的是，在 CMYK 颜色模式下，Photoshop 中的部分命令不能使用，这也是我们通常会在 RGB 颜色模式下调整图像颜色的原因之一。

3. Lab颜色模式

Lab 颜色模式 类似于 RGB 颜色模式，Lab 颜色模式是进行颜色模式转换时使用的中间模式。Lab 颜色模式的色域最广，它涵盖了 RGB 颜色模式和 CMYK 颜色模式的色域，也就是当需要将 RGB 颜色模式转换为 CMYK 颜色模式时，可以先将 RGB 颜色模式转换为 Lab 颜色模式，再转换为 CMYK 颜色模式，这样做可以减少颜色模式转换过程中的色彩丢失。在 Lab 颜色模式中，"L"代表亮度，范围为 0（黑）~100（白）；"a"表示从红色到绿色的范围；"b"表示从黄色到蓝色的范围。

4. 灰度模式

灰度模式 不包含颜色，彩色图像被转换为该模式后，其颜色信息都会被删除。使用该模式可以快速获得黑白图像，但效果一般，在制作要求较高的黑白影像时，最好使用"黑白"命令，因为该命令的可控性更强。

6.1.2 转换颜色模式

在 Photoshop 中可以实现颜色模式的相互转换，如使用 RGB 颜色模式调整图像后，如果要将调整后的图像拿去印刷，此时就需要将 RGB 颜色模式转为 CMYK 颜色模式。

执行菜单栏中的"图像">"模式"命令，可以将当前图像的颜色模式更改为其他颜色模式，如图 6-3 所示。

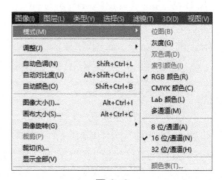

图 6-3

6.1.3　基本的调色原理

1. 色相

　　色相即各类颜色的相貌，它能够比较确切地表示某种颜色的名称。我们平时所说的红色、蓝色、绿色等，就是指颜色的色相，如图 6-4 所示。

| 红 | 橙 | 黄 | 绿 | 青 | 蓝 | 紫 |

图6-4

2. 基于单个色相的配色原则

　　不同的色相能给人以心理上的不同影响，如红色象征喜悦、黄色象征明快、绿色象征生命、蓝色象征宁静、白色象征坦率、黑色象征压抑等。在进行设计时，我们要根据主题合理地选择色相，使它与主题相适应。如在产品包装设计中，绿色暗示产品是安全、健康的，常用于食品包装设计；而蓝色则暗示产品是干净、清洁的，常用于洗化产品包装设计。

　　除了了解单个色相的表现力和影响力外，我们还需要了解多个色相搭配起来的表现力和影响力。因为在设计中，绝大多数情况下画面中会包含多个色相，这时就需要对多个色相进行合理的搭配。为了更好地理解如何进行配色，下面介绍 24 色相环及其应用。

3. 24色相环

　　颜色和光线有密不可分的关系。根据与光线的关系，我们看到的颜色有两种分类方式。

　　第一种是光线本身所带有的颜色，在我们所看到的颜色中，红、绿、蓝 3 种色光无法被分解，也无法由其他颜色合成，故称它们为"色光三原色"。其他颜色的光线都可以由它们按不同比例混合而成。

　　另一种就是把颜料或油墨印在某些介质上表现出来的颜色，人们通过长期的观察发现，油墨（颜料）中有 3 种颜色：青、洋红、黄。将它们按不同比例混合可以调配出许多颜色，而这 3 种颜色又不能用其他的颜色调配出来，故称它们为"印刷三原色"。

　　24 色相环　把一个圆分成 24 等分，把"色光三原色"放在三等分色相环的位置上，把相邻两色等量混合，把得到的黄色、青色和洋红色放在六等分位置上，再把相邻两色等量混合，把得到的 6 个复合色放在十二等分位置上，继续把相邻两色等量混合，把得到的 12 个复合色放在二十四等分位置上即可得到 24 色相环，如图 6-5 所示。24 色相环中每一色相间距为 15°（360°÷24 = 15°）。

　　互补色　以某一颜色为基色，与此色相隔 180° 的颜色为其互补色。"色光三原色"与"印刷三原色"正好互为互补色。互补色的色相对比最为强烈，画面相较于对比色更丰富、更具有感官刺激性。

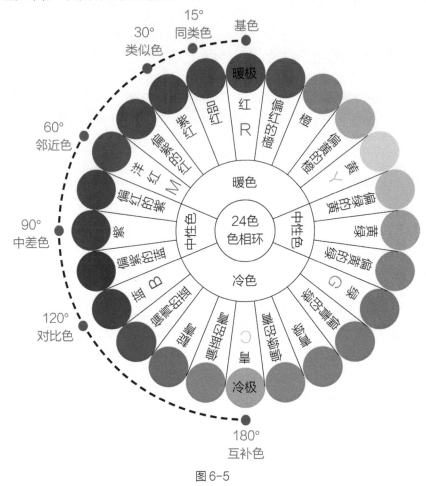

图6-5

对比色 以某一颜色为基色，与此色间隔120°～150°的任意色均为其对比色。对比色的搭配是色相的强对比，容易给人带来兴奋的感觉。

邻近色 以某一颜色为基色，与此色相隔60°～90°的任意色均为其邻近色。邻近色的搭配属于色相的中对比，既可保持画面的统一协调，又能使画面层次丰富。

同类色 以某一颜色为基色，与此色相隔15°以内的任意色均为其同类色。同类色间差别很小，常给人单纯、统一、稳定的感受。

暖色 从洋红色顺时针到黄色，这之间的颜色称为暖色。暖色调的画面会让人觉得温暖或热烈。

冷色 从绿色顺时针到蓝色，这之间的颜色称为冷色。冷色调的画面会让人感到清冷、宁静。

中性色 去掉暖色和冷色后剩余的颜色称为中性色。中性色调的画面给人以优雅、知性的感觉。

4. 认识色相环的好处

认识色相环的好处就是，当我们根据主题思想、内涵、形式载体及行业特点等决定了作品的主色后，可根据冷色调、暖色调、中性色调，或同类色、类似色、邻近色、中差色、对比色以及互补色的特点快速找到辅色和点缀色。

5. 基于多个色相的配色原则

我们在做设计时，基本的配色原则是一个设计作品中不要使用超过3种色相，被选定的颜色从功能上划分为主色、辅色和点缀色，它们之间是主从关系。其中，主色的功能是决定整个作品的风格，确保正确传达信息。辅色的功能是帮助主色建立更完整的形象，如果一种颜色已和形式完美结合，辅色就不是必须存在的，判断辅色用得好的标准：去掉它，画面不完整；有了它，主色更具优势。点缀色的功能通常体现在细节处，多数是分散的，并且面积比较小，在局部起一定的牵引和提醒作用。

6.1.4 饱和度及基于饱和度的配色原则

1. 饱和度

饱和度是指颜色的鲜艳程度，也称颜色的纯度。饱和度取决于该色中的含色成分和消色成分（黑、灰色）的比例。含色成分含量多，消色成分含量少，饱和度就高，图像的颜色就鲜艳，如图6-6所示。

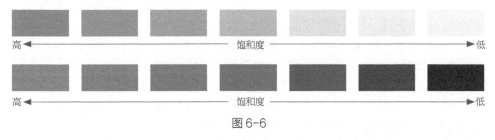

图6-6

2. 基于饱和度的配色原则

饱和度的高低决定了画面是否有吸引力。饱和度越高，颜色越鲜艳，画面越活泼，越引人注意或冲突性越强；饱和度越低，颜色越朴素，画面越典雅、安静或温和。因此我们常用高饱和度的颜色作为突出主题的颜色，用低饱和度的颜色作为衬托主题的颜色，也就是高饱和度的颜色可做主色，低饱和度的颜色可做辅色。

6.1.5 明度及配色原则

1. 明度

明度是指颜色的深浅和明暗程度。颜色的明度分两种情况，一是同一颜色的不同明度，如同一颜色在强光照射下显得明亮，而在弱光照射下显得较灰暗、模糊，如图 6-7 所示；二是各种颜色有不同的明度，各颜色明度从高到低的排列顺序是黄、橙、绿、红、青、蓝、紫，如图 6-8 所示。另外，颜色的明度变化往往会影响饱和度，如红色加入黑色以后明度降低了，同时饱和度也降低了；如果红色加入白色，则明度提高，饱和度却会降低。

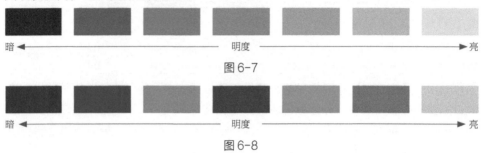

图 6-7

图 6-8

2. 不同明度给人不同的感受

颜色的明度不同会产生不同的明暗调子，可以使人产生不同的心理感受。例如，高明度给人明朗、华丽、醒目、通畅、洁净或积极的感觉，中明度给人柔和、甜蜜、端庄或高雅的感觉，低明度给人严肃、谨慎、稳定、神秘、苦闷或沉重的感觉。

3. 基于明度和饱和度的配色原则

在使用邻近色配色的画面中，人们常通过增强明度和饱和度的对比，来丰富画面效果，这种色调感能增强画面的吸引力；在使用类似色配色的画面中，由于类似色搭配效果相对较平淡和单调，可通过增强明度和饱和度的对比，来达到强化色彩的目的；在使用同类色配色的画面中，可以通过增强明度和饱和度的对比，来丰富明暗层次，体现画面的立体感，使其呈现层次更加分明的画面效果。

6.2 调整图像颜色的方式

在 Photoshop 中调整图像颜色的方式共有两种：一种是使用调整命令，另一种是使用调整图层。

执行菜单栏中的"图像">"调整"命令。"调整"命令子菜单中几乎包含了 Photoshop 中所有的图像调整命令，如图 6-9 所示。

调整图层存放于一个单独的面板中，即"调整"面板中。执行菜单栏中的"窗口">"调整"命令即可打开"调整"面板，如图 6-10 所示。

"调整"命令与调整图层的使用方法以及达

图 6-9

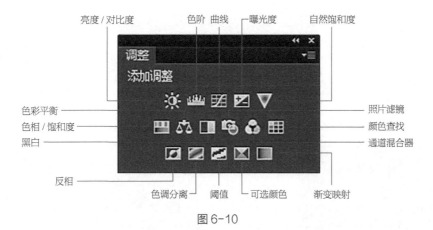

亮度/对比度　　色阶　曲线　曝光度　　自然饱和度

色彩平衡

色相/饱和度

黑白

反相

色调分离　　阈值　　可选颜色　　渐变映射

照片滤镜

颜色查找

通道混合器

图6-10

到的调整效果大致相同。不同之处在于："调整"命令直接作用于图像，调整后无法修改调整参数，适用于对图像进行简单调整并且无须保留调整参数的情况；调整图层是在图像的上方创建一个调整图层，其调整效果作用于它下方的图像，使用调整图层调整图像后，可随时返回调整图层进行参数修改，适用于摄影后期处理。

第一种方式　打开图6-11所示的素材文件，执行菜单栏中的"图像">"调整">"色彩平衡"命令，在打开的"色彩平衡"对话框中进行设置，如图6-12所示，设置完成后画面的颜色被更改了，如图6-13所示。

图6-11

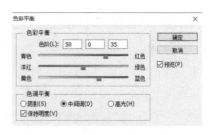

图6-12

第二种方式　在"调整"面板中单击"色彩平衡"按钮，即可在"背景"图层上方创建一个"色彩平衡"调整图层，在弹出的"属性"面板中可以看到这两种方式下的"色彩平衡"的设置选项是相同的。在"色彩平衡"调整图层的"属性"面板中设置相同的参数，如图6-14所示，效果如图6-15所示。此时可以看到使用两种方

图6-13

式调整后的效果也完全相同，但使用此种方式调色的好处是，如果想要修改调整图层的参数，双击调整图层前方的缩览图，即可在弹出的调整图层的"属性"面板中进行修改。

图 6-14　　　　　　　　　　　　　图 6-15

6.3　图像颜色与色调的调整

　　颜色在图像修饰中是十分重要的，它可以产生对比效果，使图像更加绚丽。所以，对颜色的调整是做好图像处理的重中之重，Photoshop 中对图像的颜色进行调整的主要命令有"亮度/对比度""色阶""曲线""色相/饱和度""黑白""反相"等。

6.3.1　亮度/对比度

　　原图效果如图 6-16 所示，执行菜单栏中的"图像">"调整">"亮度/对比度"命令，弹出"亮度/对比度"对话框，如图 6-17 所示。可以通过拖动滑块来调整图像的亮度或对比度，调整后的效果如图 6-18 所示。

 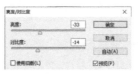 

图 6-16　　　　　　　　　图 6-17　　　　　　　　　图 6-18

6.3.2　色阶

　　执行菜单栏中的"图像">"调整">"色阶"命令或按组合键"Ctrl+L"，弹出"色阶"对话框，如图 6-19 所示。

　　对话框中间有一个直方图，下面有 3 个滑块：阴影滑块、高光滑块和中间调滑块，分别对应图像的最暗部分、最亮部分和整体亮度。其横坐标表示亮度值，数值范围为0~255；纵坐标表示图像的像素数值。

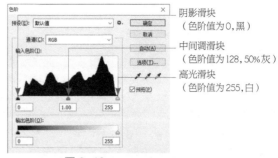

图 6-19

6.3.3　曲线

原图效果如图 6-20 所示，执行菜单栏中的"图像">"调整">"曲线"命令，弹出"曲线"对话框，如图 6-21 所示。用户可以通过添加锚点并进行拖动来调整图像的明暗程度。调整后的效果如图 6-22 所示。

图 6-20　　　　　　　图 6-21　　　　　　　图 6-22

6.3.4　色相/饱和度

原图效果如图 6-23 所示，执行菜单栏中的"图像">"调整">"色相 / 饱和度"命令或按组合键"Ctrl+Shift+V"，弹出"色相 / 饱和度"对话框，如图 6-24 所示。用户可以通过拖动滑块调整图像的色相、饱和度、明度。调整后的效果如图 6-25 所示。

图 6-23　　　　　　　图 6-24　　　　　　　图 6-25

6.3.5　黑白

原图效果如图 6-26 所示，执行菜单栏中的"图像">"调整">"黑白"命令，弹出"黑白"对话框，如图 6-27 所示。用户可以调整不同颜色的明度。调整后的效果如图 6-28 所示。

| 图 6-26 | 图 6-27 | 图 6-28 |

6.3.6　反相

执行菜单栏中的"图像">"调整">"反相"命令，可以将图像或者选区的像素反转为补色。不同颜色模式反转后的效果如图 6-29 所示。

原图效果　　　　　　　　　　　RGB 颜色模式的反相效果　　　　　　CMYK 颜色模式的反相效果

图 6-29

6.4　图像修复

风景图像中多余的干扰物，人物图像中面部的痘痘、斑点等瑕疵，以及衣服的褶皱等，都可以在 Photoshop 中轻松处理。Photoshop 提供了大量的照片修复工具，下面就介绍一些常用修饰工具的使用方法。

6.4.1　污点修复画笔工具

使用污点修复画笔工具，可以消除图像中较小面积的瑕疵，如去除人物皮肤上的痘痘、斑点，或者画面中细小的杂物。修复后的区域会与周围图像自然融合，包括颜色、明暗、纹理等。

选择污点修复画笔工具 后可查看其选项栏，如图 6-30 所示。

图 6-30

下面以为杂志封面人像除痣为例,详细介绍污点修复画笔工具的使用方法。

01 打开素材文件,如图 6-31 所示。从图中可以看到人物颈部有一些痣。下面使用污点修复画笔工具去除人物颈部的痣。先复制一个图层,在复制的图层上进行修饰,这样可以不破坏原始图像。图 6-32 所示为放大的细节图。

图 6-31　　　　　　　　　　　　　图 6-32

02 单击工具箱中的污点修复画笔工具,在其选项栏中选择一个柔角笔尖,将"类型"设置为内容识别,设置合适的笔尖大小,在人物颈部的痣处单击,即可去除痣,如图 6-33 所示。对于不规则的痣也可以使用污点修复画笔工具(像使用画笔涂抹一样),拖动鼠标指针进行涂抹,涂抹后的地方将智能化地与周边皮肤进行融合。

图 6-33

6.4.2　修补工具

修补工具,常用于修饰图像中较大的污点、穿帮画面、人物面部的痘痘等。修补工具利用其他区域的图像来修复选中的区域,可以智能化地使修复后的区域与周围图像自然融合。

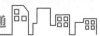

选择修补工具,其选项栏如图6-34所示。

图6-34

继续使用上一例图,使用修补工具去除人物面部的较大斑点。

单击工具箱中的修补工具,将鼠标指针移至斑点处,按住鼠标左键,沿斑点边缘拖动绘制(在选区与斑点边缘稍微让出一点距离,以便实现图像的融合),释放鼠标得到一个选区,将鼠标指针放置在选区内,向目标位置拖动(选区中的像素会被目标位置的像素替代),如图6-35所示。移动到目标位置后松开鼠标,即可查看修补效果,如图6-36所示。

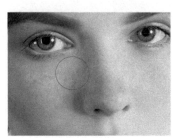

图6-35　　　　　　　　　　　　　　　图6-36

6.4.3　仿制图章工具

仿制图章工具是修饰图像时相当重要的工具,该工具常用于处理人物皮肤或去除一些与主体较为接近的杂物。使用仿制图章工具能用取样位置的图像覆盖需要修复的地方。如果使用仿制图章工具修复后的效果看起来不自然,可以通过设置不透明度或流量进行进一步处理。

选择仿制图章工具![]后可查看其选项栏,如图6-37所示。

图6-37

图6-38

下面以去除人物背景处的干扰物为例,详细介绍仿制图章工具的使用方法。

01 打开素材,如图6-38所示。从图中可以看到背景中建筑物的一根装饰柱与人物面部较接近,影响人物面部的表现。下面使用仿制图章工具将干扰人物面部的装饰柱精确地去除。为了避免原始图像被修改,应在复制的图层上进行操作。

02 单击工具箱中的仿制图章工具，设置合适的笔尖大小，在需要修复位置的附近按住"Alt"键并单击，拾取像素样本，如图6-39所示。接着将鼠标指针移动到画面中需要修复的位置，按住鼠标左键进行涂抹覆盖（沿背景纹理进行涂抹覆盖，并可进行多次涂抹覆盖操作），效果如图6-40所示。

样本拾取

单次涂抹覆盖　　　　多次涂抹覆盖

图6-39　　　　　　　　　　　　图6-40

03 去除面部、发丝处的干扰物。此处不能直接使用仿制图章工具，因为使用该工具容易使边界错位，以致修补到不该修补的区域。要修补这种干扰物与主体太近的区域，可以先将需要修补的区域创建为选区（基于选区的特性，选区内的图像能进行修改，选区外的图像会被保护），然后进行修补操作。使用快速蒙版创建选区（使用柔边笔尖绘制并创建羽化效果的选区，可以使修补的边缘自然过渡），如图6-41所示。

04 使用仿制图章工具，顺着背景纹理将选区内的干扰物覆盖掉，效果如图6-42所示。

进入快速蒙版编辑状态　　　将蒙版转为选区

图6-41　　　　　　　　　　　　图6-42

6.4.4　内容识别

当画面中有较大面积的杂乱场景需要修复时，如果使用仿制图章工具或修补工具去除，不但费时费力，还容易出现过渡不自然的痕迹。执行"内容识别"命令对图像的某一区域进行覆盖填充时，Photoshop 会自动分析周围图像的特点，将图像进行拼接组合后填充在该区域并进行融合，从而呈现无缝拼接的效果。配合选区操作，执行"内容识别"命令可以一次性去除多个画面元素。

继续使用上一例图，在使用仿制图章工具修复的基础上，使用"内容识别"命令去除上半段干扰物。

🔟 打开上一案例的图像继续编辑。使用"内容识别"命令前要在需进行内容识别填充的区域创建选区，此处使用套索工具以上半段干扰物为中心创建选区，如图 6-43 所示。

图 6-43

🔢 执行菜单栏中的"编辑">"填充"命令或按"Shift+F5"快捷键，打开"填充"对话框，在"使用"选项中选择内容识别，其他保持默认设置，如图 6-44 所示。单击"确定"按钮执行内容识别填充，效果如图 6-45 所示。

图 6-44

图 6-45

课堂练习 去除海报中的文字

素材：第6章\ 6.4.4 去除海报中的文字   重点指数：★★★

微课视频

操作思路： 使用"内容识别"命令，配合选区操作快速去除文字。原图及最终效果如图 6-46 所示。

🔟 打开素材文件，如图 6-47 所示。我们需要将文字部分去除，只保留图像部分。为了避免原始图像被修改，应在复制的图层上进行修改。

🔢 执行菜单栏中的"选择">"色彩范围"

图 6-46

命令，打开"色彩范围"对话框，此时鼠标指针变为吸管图标，在画面中的字体颜色处单击，即可对字体颜色进行取样，在"色彩范围"对话框中调整合适的颜色容差值，具体设置如图 6-48 所示。单击"确定"按钮即可将与取样颜色相同的区域定义为选区，效果如图 6-49 所示。

图 6-47 图 6-48 图 6-49

03 可以观察到由于画面上有些部位的色值与字体的色值相近，所以也被作为选区载入了，此时可以使用工具箱中的套索工具，按住"Alt"键将图像中多余的选区减去，如图 6-50 所示。

04 为了使去除文字范围更准确，可执行菜单栏中的"选择">"修改">"扩展"命令，打开"扩展选区"对话框，在此对话框中将"扩展量"设为 6 像素，如图 6-51 所示。单击"确定"按钮即可将原有选区扩出 6 像素的大小，效果如图 6-52 所示。

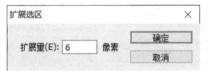

图 6-50 图 6-51 图 6-52

05 执行菜单栏中的"编辑">"填充"命令或按"Shift+F5"组合键，打开"填充"对话框，在"使用"选项中选择内容识别，其他保持默认设置，如图 6-53 所示。单击"确定"按钮执行内容识别填充，即可看到海报中的文字被去除了，效果如图

图 6-53

图 6-54

6-54 所示。

06 按"Ctrl+D"组合键，取消选区，如果文字有些许残留，可利用前面学习的修饰瑕疵的方法进行微调，最终效果如图 6-55 所示。

图 6-55

6.4.5　内容感知移动工具

内容感知移动工具可用于去除或复制图像中的文字或图形，也可使系统根据图像周围的环境与光源自动计算和修复移除或复制的部分，从而实现更加完美的图像合成效果。

选择内容感知移动工具 后可查看其选项栏，如图 6-56 所示。

图 6-56

下面通过复制图中热气球的案例，介绍内容感知移动工具的使用方法。

01 单击内容感知移动工具，在其选项栏的"模式"下拉列表中选择扩展。使用内容感知移动工具勾出热气球的轮廓，如图 6-57 所示，然后将选择的热气球移动到合适的位置，同时可以通过调整四周的调整框来改变复制的热气球的大小，如图 6-58 所示。

图 6-57

图 6-58

02 按"Enter"键，确认复制结果后，会看到复制的热气球完美地和背景融合到了一起，效果如图 6-59 所示。使用同样的方法，可以再复制一个大小合适的热气球，最终效果如图 6-60 所示。

图 6-59 图 6-60

6.5 综合实训：完美去除图像中的杂物

素材： 第 6 章 \6.5 综合实训：完美去除图像中的杂物

微课视频

实训目标

熟练使用内容识别、污点修复画笔工具、修补工具等进行图像修复。

操作步骤

01 打开素材文件，如图 6-61 所示。仔细观察可以看到图像中有很多瑕疵，我们可以使用在本章所学的工具对图像进行修复。首先放大人物的面部，使用污点修复画笔工具 将人物面部的痣去除，如图 6-62 和图 6-63 所示。

图 6-61

图 6-62 图 6-63

02 使用修补工具 框选出地板的瑕疵部分，如图 6-64 所示。配合污点修复画笔工具 ，将地板残缺部分修补完整，效果如图 6-65 所示。

03 使用套索工具选中墙面插座，如图 6-66 所示。执行菜单栏中的"编辑">"填充"命令或按"Shift+F5"快捷键，打开"填充"对话框，如图 6-67 所示。在"使用"选项中选择内容识别，单击"确定"按钮执行内容识别填充，将插座删除，效果如图 6-68 所示。

图 6-64   图 6-65

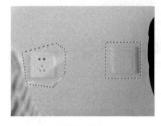      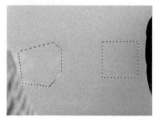

图 6-66   图 6-67   图 6-68

04 灵活运用 Photoshop 中的修饰工具，对画面中不完美的部分进行细致的修复，最终效果如图 6-69 所示。

图 6-69

职业素养

　　我们在使用 Photoshop 软件的过程中，在深入挖掘修饰设计能力的同时，要重点培养在职业活动中所具有的自我教育、自我改造、自我完善等素养，使自己形成良好的职业道德品质。通过自律行为，挑战困难，自我提升，不断地锤炼自己，全面提高自身的职业素养。

课后练习

一、选择题

1.下面的命令中，（　　）无法进行图像色彩调整。

　　A. "亮度 / 对比度"命令　　　　　　　B. "曲线"命令

　　C. "自然饱和度"命令　　　　　　　　D. "模糊"命令

2."色阶"命令的组合键是（　　）。

　　A. Ctrl+L　　　B. Ctrl+B　　　　　C . Ctrl+U　　D. Ctrl+V

3.色相 / 饱和度的组合键是（　　）。

　　A. Ctrl+U　　　B. Ctrl+ Shift+HC.　　Ctrl+H　　　D. Ctrl+Shift+U

二、判断题

1.仿制图章工具无须拾取"源"即可使用。（　　）

2.RGB 颜色模式可以转换为 CMYK 模式。（　　）

3.RGB 指的是红、黄、蓝三原色。（　　）

三、简答题

1.Photoshop 中有几种颜色模式？它们的特点是什么？

2.什么是"对比色"，应用于什么场景？

3.CMYK 分别代表哪几种颜色？

四、操作题

1.使用"色相 / 饱和度"命令改变图像的色调（素材：第 6 章 \ 课后练习）。

2.使用所学图像修复知识，将图像调整为最佳状态（素材：第 6 章 \ 课后练习）。

第 7 章

绘图工具的应用

本章内容导读

本章内容主要分为三部分：设置颜色、填充与描边和画笔与橡皮擦。其中设置颜色部分主要讲解使用拾色器、"色板"面板等进行颜色设置，填充与描边部分主要介绍使用油漆桶工具等对选区或图层进行填充，画笔与橡皮擦部分主要介绍使用画笔工具、铅笔工具以及橡皮擦工具的方法。

掌握重要知识点

- 掌握前景色与背景色的设置方法与颜色的选取方法。
- 掌握渐变工具的使用方法。
- 掌握不同画笔的使用方法。

学习本章后，读者能做什么

通过学习本章内容，读者能够完成广告设计中各种图像的颜色填充操作，制作简单的图形、表格，绘制一些对称图案，并可以尝试绘制一些简单的画作。

7.1 设置颜色

学会如何设置颜色是我们使用绘图工具进行创作工作之前的首要任务。Photoshop 提供了强大的颜色设置功能，用户可以在拾色器中任意设置颜色，也可以在内置的色板中选择合适的颜色，还可以在画面中选取需要的颜色。

7.1.1 前景色与背景色

前景色通常被用于绘制图像、填充某个区域以及描边选区等，而背景色常用于填充图像中被删除的区域（如使用橡皮擦工具擦除背景图层时，被擦除的区域会呈现背景色）和用于生成渐变颜色填充。

前景色和背景色的按钮位于工具箱底部，默认情况下，前景色为黑色，背景色为白色，如图 7-1 所示。

修改了前景色和背景色以后，如图 7-2 所示。单击"默认前景色和背景色"按钮■，或者按键盘上的"D"键，即可将前景色和背景色恢复为默认设置，如图 7-3 所示；单击"切换前景色和背景色"按钮◨可以切换前景色和背景色的颜色，如图 7-4 所示。

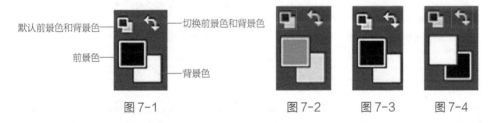

图 7-1   图 7-2   图 7-3   图 7-4

7.1.2 使用拾色器设置颜色

拾色器是 Photoshop 中最常用的颜色设置工具，很多颜色在设置时（如字体颜色、矢量图颜色等）都需要用到它。例如，设置前景色和背景色时，可单击前景色或背景色的小色块，弹出"拾色器"对话框，在其中设置颜色，如图 7-5 所示。

色域 / 选取颜色　在色域中的任意位置单击即可设置当前选取的颜色。

颜色滑块　拖动颜色滑块可以调整颜色范围。

色值　显示当前所设置颜色的色

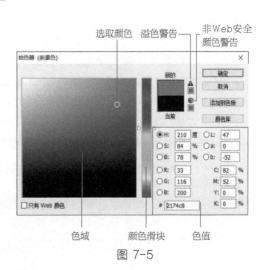

图 7-5

值，也可在文本框中输入数值直接定义颜色。在"拾色器"对话框中可以基于RGB、CMYK、HSB 和 Lab 等颜色模式来指定颜色。在 RGB 颜色模式内，可以指定红、绿、蓝在 0~255 的分量值（全为 0 是黑色，全为 255 是白色）；在 CMYK 颜色模式内，可以用青色、洋红色、黄色和黑色的百分比来指定每个分量值；在 HSB 颜色模式内，可以用百分比来指定饱和度和亮度，并以 0 度 ~360 度（对应色相轮上的位置）的角度指定色相；在 Lab 颜色模式内，可以输入 0~100 的亮度值，以及设置 –128~+127 的 a 值（绿色到洋红色）和 b 值（蓝色到黄色）。在"#"后的文本框中可以输入一个十六进制值来指定颜色，该选项一般用于设置网页颜色。

以前景色设置为例，单击工具箱中的前景色小色块，打开"拾色器"对话框，单击渐变条上的颜色滑块可以定义颜色范围，如图 7-6 所示。在色域中单击需要的颜色即可设置当前颜色，如图 7-7 所示。如果想要精确设置颜色，可以在色值区域的文本框中输入数值。设置完成后单击"确定"按钮，即可将当前设置的颜色设置为前景色。

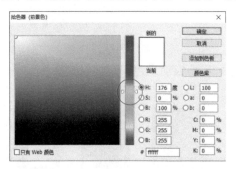

图 7-6   图 7-7

新的 / 当前 "新的"颜色色块中显示的是当前的颜色，"当前"颜色色块中显示的是上一次使用的颜色。

溢色警告▲ 由于 RGB、HSB 和 Lab 颜色模式中的一些颜色在 CMYK 颜色模式中没有与之同等的颜色，因此我们无法将这些颜色准确打印出来，这些颜色就是常说的"溢色"。出现该警告后，可以单击警告标识下面的小方块，将颜色替换为CMYK 颜色模式（印刷时使用的颜色模式）中与其最为接近的颜色。

非 Web 安全颜色警告 表示当前设置的颜色不能在网页上准确显示，单击警告标识下面的小方块，可以将颜色替换为与其最为接近的 Web 安全颜色。

只有 Web 颜色 勾选该复选框后，色域中只显示 Web 安全颜色。

添加到色板 单击该按钮，可以将当前设置的颜色添加到"色板"面板中。

7.1.3 使用"色板"面板设置颜色

我们在设计过程中经常会遇到不知道用什么颜色的情况，此时就可以在"色板"面板中找一下灵感。该面板中保存了很多预设的颜色，我们也可以将常用的颜色保存在该面板中，以便在需要时能够随时调用。

1. 设置前景色/背景色

执行菜单栏中的"窗口">"色板"命令,打开"色板"面板,如图 7-8 所示。"色板"中的颜色都是预设好的,用户可以根据需要,在预设项中选择合适的颜色。将鼠标指针移动到某个色块上,此时鼠标指针将会变成吸管形状 ✐,单击一个色块,即可将它设置为前景色,如图 7-9 所示;如果按住"Ctrl"键并单击一个色块,则可以将它设置为背景色,如图 7-10 所示;单击 ▤ 按钮可以弹出下拉列表,如图 7-11 所示,单击选择即可选择色板库。

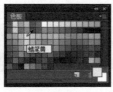
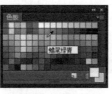

图 7-8   图 7-9   图 7-10   图 7-11

2. 删除颜色

如果"色板"面板中有不需要的颜色,可以单击"色板"面板底部的 ▤ 按钮进行删除。

7.1.4 使用吸管工具吸取颜色

吸管工具常用于绘画和颜色设置,可以吸取图像中的颜色,作为前景色或背景色。

打开一幅图像,如图 7-12 所示,选择工具箱中的吸管工具,在图像上单击即可吸取颜色至前景色,如图 7-13 所示;按住"Alt"键并在图像上单击即可吸取颜色至背景色,如图 7-14 所示。

图 7-12   图 7-13   图 7-14

7.2 填充与描边

填充是指在图像或选区内填充颜色,描边则是指为选区描绘可见边缘。填充与描边是平面设计中常用的功能。

7.2.1　使用前景色与背景色填充

使用前景色或背景色填充在用 Photoshop 绘图时极为常见。具体操作方法：选中一个图层或绘制一个选区，设置合适的前景色和背景色，按"Alt+Delete"组合键使用前景色进行填充，按"Ctrl+Delete"组合键使用背景色进行填充。

7.2.2　使用油漆桶工具填充

使用油漆桶工具可以为选区或图像填充前景色和图案。填充选区时，填充区域为选区区域；填充图像时，则只填充与所单击点颜色相近的区域。油漆桶工具选项栏如图 7-15 所示。

图 7-15

填充方式　单击"填充方式"按钮，可以在下拉列表中选择填充方式，包括"前景"和"图案"。选择"前景"，可以使用前景色进行填充；选择"图案"，可以在"图案"下拉列表中选择其中一种图案进行填充。

模式 / 不透明度　用来设置填充内容的混合模式和不透明度。

容差　在文本框中输入数值，可以设置填充颜色近似的范围。数值越大，填充的范围越大；数值越小，填充的范围越小。

消除锯齿　勾选该复选框，可以消除填充颜色或图案的边缘锯齿。

连续的　勾选该复选框，油漆桶工具只填充相邻的区域，取消勾选时将填充与单击点相近颜色的所有区域。

图 7-16

7.2.3　定义图案

定义图案是一个特别好用的功能，用户可以把自己喜欢的图像定义为图案。定义图案后，可以将图案填充到整个图层或选区中。

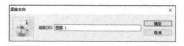

图 7-17

在图像上框选要定义的图案，如图 7-16 所示。执行菜单栏中的"编辑">"定义图案"命令，打开"图案名称"对话框，如图 7-17 所示。单击"确定"按钮即可完成图案定义。

执行菜单栏中的"编辑">"填充"命令，弹出"填充"对话框，在"自定图案"下拉列表中选择刚刚定义的图案，如图 7-18 所示。单击"确定"即可完成填充，效果如图

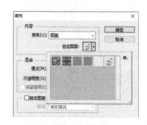

图 7-18

7-19 所示。

课堂练习　使用定义图案制作水印

素材：第7章\7.2.3 使用定义图案制作水印

重点指数：★★★

微课视频

图 7-19

　　当我们需要提供图像效果给甲方时，就需要在图像上加上自制的水印，其作用是防止他人未经允许而随意盗用。

操作步骤

01 使用快捷键 "Ctrl+N" 新建文件，将 "宽度" "高度" 设为 500 像素，"背景内容" 设置为透明，单击 "确定" 按钮。

02 使用直排文字工具，将 "字号" 设置为 50 点，输入想要的文字，按 "Enter" 键完成输入。

03 单击文字图层，使用组合键 "Ctrl+T" 进入自由变换模式，将文字顺时针旋转 30°，按 "Enter" 键确定。

04 执行菜单栏中的 "编辑" > "定义图案" 命令，打开 "图案名称" 对话框，单击 "确定" 按钮完成图案定义。

05 使用组合键 "Ctrl+O"，打开需要添加水印的图像。

06 执行菜单栏中的 "编辑" > "填充" 命令，弹出 "填充" 对话框，在 "自定图案" 下拉列表中选择刚刚定义的图案，将 "不透明度" 设为 35%。单击 "确定" 按钮即可完成水印的添加，如图 7-20 所示。

图 7-20

7.2.4　渐变工具

　　渐变是指由多种颜色过渡而产生的效果。使用渐变工具 ■ 能够制作出有缤纷颜色的画面，使画面显得不那么单调。它是版面设计和绘画中常用的一种填充方式，不仅可用于填充图像，还可用于填充图层蒙版。此外，填充图层和图层样式时也会用到渐变工具。

　　单击工具箱中的渐变工具 ■ 后可查看其选项栏，如图 7-21 所示。

渐变色条　　　渐变类型

图 7-21

渐变色条 渐变色条中显示了当前的渐变颜色，单击渐变色条可以打开"渐变编辑器"对话框，如图 7-22 所示。在"渐变编辑器"中可以直接选择预设渐变色，还可以自行设置渐变色以及保存渐变色。

渐变类型 包括"线性渐变""径向渐变""角度渐变""对称渐变""菱形渐变"5 种渐变工具。

模式 用于设置渐变的混合模式。

不透明度 用于设置渐变的不透明度。

反向 勾选后产生反向渐变的效果。

仿色 勾选后使渐变更加平滑。

透明区域 勾选后可产生包含透明效果的渐变。

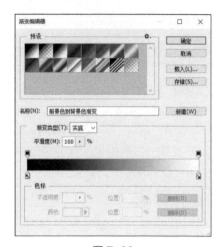

图 7-22

在平时的设计中，预设提供的颜色是远远不够用的。多数情况下我们都需要通过"渐变编辑器"对话框，自行设置合适的渐变颜色。

设置色标颜色。双击渐变色条下方的色标，即可打开"拾色器"对话框，如图 7-23 所示。 如果要设置多色渐变，可在渐变色条下方单击以添加更多的色标，如图 7-24 所示。

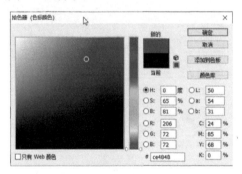

图 7-23

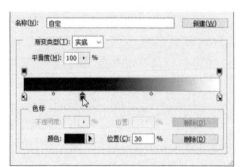

图 7-24

选中一个色标后，如图 7-25 所示，单击"删除"按钮或直接将它拖到渐变色条外，可将其删除，如图 7-26 所示。

如果要设置带有透明效果的渐变颜色，可以单击渐变色条上方的色标，如图 7-27 所示，然后在"不透明度"选项中输入数值，如图 7-28 所示。

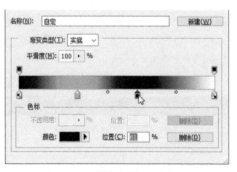

图 7-25

图 7-26

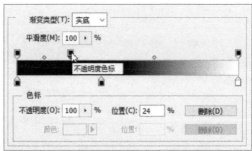

图 7-27

| 课堂练习 | 使用渐变工具制作化妆品背景 |

素材：第7章\ 7.2.4 使用渐变工具制作化妆品背景

重点指数：★★★

微课视频

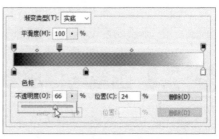

图 7-28

操作步骤

01 新建大小为 800 像素 ×800 像素，"分辨率"为 72 像素 / 英寸，名称为"背景"的空白文件。

02 单击工具箱中的渐变工具，在渐变工具选项栏中单击渐变色条，打开"渐变编辑器"对话框。

03 在"渐变编辑器"对话框中，将颜色修改为白色到蓝色渐变。单击"确定"按钮。

04 在渐变工具选项栏中单击"径向渐变"按钮，然后在画布上拖曳，如图 7-29 所示。最后添加文字与图片，如图 7-30 所示。

图 7-29

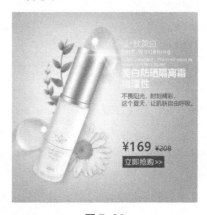

图 7-30

7.2.5 "描边"命令

打开素材，执行菜单栏中的"编辑">"描边"命令，打开"描边"对话框，在其中可以设置描边的"宽度""颜色""位置"等，如图7-31所示。

描边 用于设定线条的宽度与颜色。

位置 包括"内部""居中""居外"，用于设定线条相对于图像边缘的位置。

图 7-31

混合 在该选项组中可以设置描边颜色的"模式"和"不透明度"。勾选"保留透明区域"复选框，将只对包含像素的区域描边。

7.3 画笔与橡皮擦

熟悉了Photoshop的颜色设置后，就可以正式使用Photoshop的绘画功能了。下面就来了解一些常用的绘图工具。

7.3.1 画笔工具

画笔工具是用来绘制图画的工具，其作用是模拟画笔效果进行绘制。选择工具箱中的画笔工具 后可查看其选项栏，如图7-32所示。

图 7-32

单击 即可打开"画笔预设"选取器，如图7-33所示。在"画笔预设"选取器中可以设置画笔的笔尖形状、大小、硬度和角度。

"画笔设置"面板 单击该按钮可以打开"画笔设置"面板和"画笔"面板。

模式 设置画笔的混合模式，该选项的功能类似于图层的混合模式。当使用画笔工具在已有图案上绘制时，用画笔工具绘制的图形将根据所选混合模式和已有图形进行混合；当"模式"设置为正常时，用画笔工具绘制的图形不会与已有图形产生混合效果。

图 7-33

不透明度 设置用画笔工具绘制的图形的不透明度。设置的数值越低，透明度越高。

流量 设置当鼠标指针移动到某个区域上方时应用颜色的速率，数值越高，流量越大。

喷枪 单击该按钮，可以启用喷枪功能进行绘画。如果按住鼠标左键不放，画笔工具会根据按住鼠标左键的时间长短来决定颜料用量的多少，并持续填充图像。

绘图板压力 单击该按钮，可以对"不透明度""大小"使用压力，再次单击该按钮则应用预设的压力。

课堂练习 制作卡通橘子人		
素材：第7章 \ 7.3.1 制作卡通橘子人	重点指数：★★	 微课视频

操作思路： 使用画笔工具，绘制卡通橘子人的五官及四肢；注意画笔硬度和大小，如图7-34所示。

7.3.2 铅笔工具

铅笔工具与画笔工具的使用方法大体相同，铅笔工具可以模拟铅笔进行绘画。选择工具箱中的铅笔工具■可查看其选项栏，如图7-35所示。铅笔工具选项栏和画笔工具选项栏的内容基本相同，只是铅笔工具选项栏包含"自动抹除"复选框。

图7-34

图7-35

自动抹除 勾选该复选框，当使用铅笔工具在包含前景色的区域上涂抹时，该涂抹区域的颜色将替换成背景色；当使用铅笔工具在包含背景色的区域上涂抹时，涂抹区域的颜色将替换成前景色。图7-36所示为未勾选"自动抹除"复选框时的绘制效果，图7-37所示为勾选"自动抹除"复选框时的绘制效果。

使用铅笔工具不仅可以绘制单色的线条，还可以绘制叠加图案、分散的笔触和透明度不均匀的笔触，想要得到这些效果就要使用"画笔"面板，如图7-38所示。

图7-36　　　　图7-37

设置画笔 单击"画笔"面板中的选项，面板右侧会显示该选项的详细设置内容（默认显示"画笔笔尖形状"选项）。

画笔描边预览 该区域可以实时预览所选中画笔的笔触效果。

创建新画笔 当对一个预设进行修改后，单击■按钮可以将其保存为新的预设画笔。

使用快捷键调整画笔笔尖的大小和硬度：按"["键可将画笔笔尖调小，按"]"键可将画笔笔尖调大；按"Shift+["组合键可以降低画笔笔尖的硬度，按"Shift+]"组合键可以提高画笔笔尖的硬度。

7.3.3 橡皮擦工具

使用橡皮擦工具可以擦除不需要的像素，橡皮擦工具的使用方法很简单，只要按住鼠标左键在画面中进行涂抹即可擦除不需要的像素。使用橡皮擦工具在普通图层上涂抹，像素将被涂抹成透明状态，如图7-39所示；使用橡皮擦工具在背景图层上涂抹，像素将被更改为背景色，如图7-40所示。

图 7-38

图 7-39

图 7-40

选择工具箱中的橡皮擦工具后可查看其选项栏，如图7-41所示。

图 7-41

橡皮擦 用于选择橡皮擦的形状和大小。
模式 用于选择橡皮擦的笔触模式。
不透明度 用于设置擦除的强度。
流量 用于控制橡皮擦工具的擦除速率。
抹到历史记录 用于还原已被擦除的像素。
该功能与历史记录画笔工具类似。

7.4 综合实训：制作卡通橘子动感海报

素材： 第7章\7.4综合实训：制作卡通橘子动感海报

实训目标

微课视频

熟练掌握图层排序、画笔类型设置、画笔粗细设置以及文字特效处理的方法。

操作步骤

01 新建大小为 4000 像素 × 4000 像素，"分辨率"为 72 像素 / 英寸，名称为"海报"的空白文件。

02 导入素材"耳机""橘子"。

03 把耳机戴在橘子上，并适当调整位置，效果如图 7-42 所示。

04 新建图层并将其命名为"笑脸"。将前景色设置为黑色，使用画笔工具并选择合适的大小与硬度，在橘子上绘制表情和手，将前景色设置为紫色，将画笔设成合适的大小与硬度，在橘子上绘制腮红。效果如图 7-43 所示。

05 新建图层并将其命名为"阴影"。使用椭圆选框工具，在橘子下方绘制椭圆选区，执行菜单栏中的"选择">"修改">"羽化"命令，在弹出的对话框中，修改羽化半径，数值设为 20，单击"确定"按钮。使用组合键"Alt+Delete"填充前景色。最后将"阴影"图层拖到"橘子"图层下方。效果如图 7-44 所示。

图 7-42

图 7-43

图 7-44

06 导入"背景"素材并将其放置在最底层，效果如图 7-45 所示。使用横排文字工具输入标题文字，并添加"渐变""描边"效果，效果如图 7-46 所示。再次使用横排文字工具输入副标题并修改文字属性，效果如图 7-47 所示。卡通橘子动感海报制作完成。

图 7-45

图 7-46

图 7-47

合作共赢

积力之所举，则无不胜也；众智之所为，则无不成也。表示聚集一切力量采取行动，没有什么不可战胜的；集思广益来做事，没有什么不可成功的。在日常工作或学习中，遇见困难通过小组讨论来解决问题。老师在日常授课中，也可以让学生以小组形式学习或探讨。通过小组合作学习，不仅可以实现信息共享与整合，不断扩展和完善学生的知识面，而且还可以让学生学会倾听，学会交流，具有更好的团队意识。

📈 课后练习

一、选择题

1.调整画笔笔尖大小的组合键是（　　）。

    A. "[ ]"　　　　　　　B. "< >"　　　　　　　C. "–+"　　　　　　　D. " ( ) "

2.以下不属于渐变类型的是（　　）。

    A.线性渐变　　　　　B.角度渐变　　　　　　C .对称渐变　　　　　D.菱角渐变

3.使用背景色进行填充的组合键是（　　）。

    A. Ctrl+Delete　　　B. Alt+ Delete　　　　C. Shift+ Delete　　　D. Alt+Shift

二、判断题

1.前景色与背景色的默认颜色分别为黑色与白色。（　　）

2.使用油漆桶工具填充的颜色默认为前景色。（　　）

3.吸管工具无法吸取除 Photoshop 内设的颜色以外的颜色。（　　）

三、简答题

1.在渐变工具中如何增加色标？

2.如何在区域内使用渐变工具？

3.使用油漆桶工具填充时，勾选"连续的"与不勾选有何区别？

四、操作题

1.使用画笔工具绘制云朵（素材：第 7 章 \ 课后练习）。

2.使用渐变工具制作彩虹渐变效果（素材：第 7 章 \ 课后练习）。

第8章

路径与矢量绘图

本章内容导读

本章主要讲解 Photoshop 中的矢量绘图工具，包括形状工具和钢笔工具。形状工具常用于绘制规则的几何图形，而钢笔工具常用于绘制不规则的图形或抠图。

掌握重要知识点

- 掌握矩形工具、圆角矩形工具、椭圆工具的使用方法。
- 掌握钢笔工具的使用方法。
- 掌握创建、删除路径的方法。
- 掌握路径填充、路径描边的方法。

学习本章后，读者能做什么

通过学习本章内容，读者将学会使用形状工具和钢笔工具绘制各种图标、矢量插画以及 Logo，还可以使用钢笔工具抠取各种较为复杂的图像。

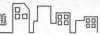

8.1 使用形状工具绘图

Photoshop 中的形状工具一共有 6 种：矩形工具 、圆角矩形工具、椭圆工具、多边形工具、直线工具、自定形状工具。使用这些工具可以绘制出各种常见的矢量图。下面介绍这些形状工具的使用方法。

8.1.1 矩形工具

选择矩形工具 ▢ 矩形工具 或按快捷键 "V" 可查看其选项栏，如图 8-1 所示。

图 8-1

▢ 形状 ：用于设置创建路径的形状，分为 "形状" "路径" "像素"。

填充：▢ 描边：／ 3点 ▬▬ 用于设置形状的填充色、描边色、描边大小和描边线条类型。

W: 0像素 ◯ H: 0像素 用于设置形状的宽度和高度。

▢ 冒 ➕ 用于设置形状的组合方式、对齐方式和排列方式。

⚙ 在弹出的下拉面板中可以设置路径选项及形状比例。

对齐边缘 用于设定边缘是否对齐。

原图效果如图 8-2 所示，在图像中绘制一个矩形，效果如图 8-3 所示。"图层" 面板中显示的效果如图 8-4 所示。

图 8-2

图 8-3

图 8-4

8.1.2 圆角矩形工具

选择圆角矩形 ▢ 圆角矩形工具 后可查看其选项栏，如图 8-5 所示。其选项栏与矩形工具的选项栏内容类似，增加了 "半径" 选项，用于调节圆角矩形的圆角弧度：数值越大，圆角的弧度就越大；数值越小，圆角的弧度就越小。

图 8-5

将 "半径" 数值设为 20 像素，效果如图 8-6 所示；将 "半径" 数值设为 100 像素，效果如图 8-7 所示。"图层" 面板中显示的效果如图 8-8 所示。

图 8-6

图 8-7

图 8-8

8.1.3　椭圆工具

选择椭圆工具  看可查看其选项栏，如图 8-9 所示。

图 8-9

原图效果如图 8-10 所示，在图像中绘制一个椭圆形，效果如图 8-11 所示。"图层"面板中显示的效果如图 8-12 所示。

图 8-10

图 8-11

图 8-12

8.1.4　多边形工具

选择多边形工具  可查看其选项栏，如图 8-13 所示。其选项栏与矩形工具的选项栏内容类似，增加了"边"选项，用于调节多边形的边数。

图 8-13

将"边"的数值设为 5，效果如图 8-14 所示；将"边"的数值设为 10，效果如图 8-15 所示。"图层"面板中显示的效果如图 8-16 所示。

图 8-14

图 8-15

图 8-16

8.1.5　直线工具

选择直线工具 ✏️ 直线工具 后可查看其选项栏，如图 8-17 所示。其选项栏与矩形工具的选项栏内容类似，增加了"粗细"选项，用于调节线条的粗细。单击选项栏中的 ⚙️ 按钮，弹出"箭头"对话框，如图 8-18所示。

图 8-18

图 8-17

起点、终点　用于在线条的起点、终点增加箭头。
凹度　用于设置箭头形状的凹凸效果。
在图像上绘制不同的直线，效果如图 8-19 所示。

图 8-19

8.1.6　自定形状工具

选择自定形状工具 🔷 自定形状工具 看可查看其选项栏，如图 8-20 所示。其选项栏与矩形工具的选项栏内容类似，增加了"形状"选项，用于选择需要的形状。单击 🔳 按钮可打开"形状选项"面板，如图 8-21 所示。

图 8-20

原图效果如图 8-22 所示，在图像中绘制一个形状，效果如图 8-23 所示。"图层"面板中显示的效果如图 8-24 所示。

图 8-21

图 8-22　　　　　　　　图 8-23　　　　　　　　图 8-24

课堂练习　制作视频图标

素材：第8章\ 8.1 制作视频图标　　重点指数：★★★

操作思路：综合使用圆角矩形工具、椭圆工具和多边形工具绘制；注意图层排序、圆角弧度大小以及色彩搭配，效果如图 8-25 所示。

图 8-25

绘图小技巧

使用矩形、圆角矩形或椭圆工具时，按住"Shift"键并拖动鼠标指针可以创建正方形、圆角正方形或圆形；按住"Alt"键并拖动鼠标指针，会以单击点为中心创建图形；按住"Alt+Shift"组合键并拖动鼠标指针，会以单击点为中心向外创建正方形、圆角正方形或圆形。

8.2 使用钢笔工具绘图

Photoshop 提供了多种钢笔工具，包括钢笔工具、自由钢笔工具、添加锚点工具、删除锚点工具、转换点工具。这些工具在设计中应用得非常广泛，能帮助用户绘制出精确的路径，也可帮助用户对选区进行填充或描边。

8.2.1　钢笔工具

选择钢笔工具 ✐钢笔工具 或按快捷键"P"可查看其选项栏，如图 8-26 所示。

图 8-26

绘制直线　单击工具箱中的钢笔工具，在其选项栏中将绘图模式设置为路径。在画布上单击建立第一个锚点，然后间隔一段距离单击，在画布上建立第二个锚点，成一条直线路径，如图 8-27 所示；在其他区域单击可以继续绘制直线路径，如图 8-28 所示。

图 8-27　　　　　　　　　　　　　　　图 8-28

绘制曲线　使用钢笔工具，在画布上单击创建一个锚点，同时间隔一段距离单击，在画布上建立第二个锚点，按住鼠标左键并拖动延长方向线；按住"Ctrl"键并将鼠标指针移动至方向线的"A"或"B"端点，此时鼠标指针变成实心箭头形状，拖动端点调整弧度，如图 8-29 所示。

按住"Alt"键并单击"C"端点，则上方延长线消失，如图 8-30 所示，同时间隔一段距离单击画布建立端点可继续绘制直线或曲线，如图 8-31 所示。

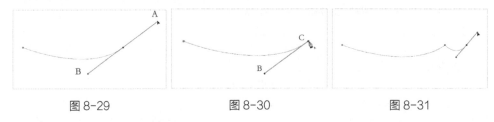

图 8-29　　　　　　　　图 8-30　　　　　　　　图 8-31

钢笔工具小技巧

如果要结束一段开放式路径的绘制，可以按住"Ctrl"键并在空白处单击或直接按"Esc"键结束路径的绘制；如果要创建闭合路径，可以将鼠标指针放在路径的起点，当鼠标指针变为形状时，单击即可闭合路径；如果要绘制水平、垂直的直线或在水平或垂直的基础上以45°为增量角的直线，可以按住"Shift"键进行绘制。

8.2.2　自由钢笔工具

选择自由钢笔工具 自由钢笔工具 后可查看其选项栏，如图 8-32 所示。

图 8-32

使用自由钢笔工具可以快速、随意地画出路径，如图 8-33 所示。相比于钢笔工具来说，它可操作的自由度相当高，它的"磁性"功能可以自动寻找物体的边缘，类似于磁性套索，如图 8-34 所示。

图 8-33　　　　　　　　　　　图 8-34

8.2.3　添加锚点与删除锚点工具

添加锚点工具 添加锚点工具 　使用该工具时，在路径段的中间位置单击添加一个锚点，如图 8-35 所示。然后向构成曲线形状的方向拖动方向线。方向线的长度和斜度决定了曲线的形状，如图 8-36 所示。

图 8-35　　　　　　　　　　　　　图 8-36

删除锚点工具 ↗ 删除锚点工具　使用该工具时，在曲线锚点处单击即可删除锚点，如图 8-37 所示。曲线因为锚点的减少变为直线，如图 8-38 所示。

图 8-37　　　　　　　　　　　　　图 8-38

8.2.4　转换点工具

锚点包括平滑锚点和角点锚点两种。使用转换点工具 ⌐ 转换点工具 可以对平滑锚点和角点锚点进行转换，拖动锚点的调节手柄可以改变线段的弧度。

选择转换点工具，将鼠标指针放在锚点上方，如图 8-39 所示。如果当前锚点为角点锚点，单击并拖动鼠标指针可将其转换为平滑锚点，如图 8-40 所示；在平滑锚点状态下，单击鼠标左键，可将其转换为角点锚点，如图 8-41 所示。将该图形的各个角点锚点转换为平滑锚点后，绘制的图形效果如图 8-42 所示。

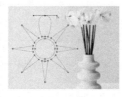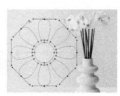

图 8-39　　　　　图 8-40　　　　　图 8-41　　　　　图 8-42

8.2.5　路径和选区的转换

路径转换为选区　在图像中创建路径，如图 8-43 所示。单击"路径"面板右侧

的 按钮，在弹出的菜单中选择 建立选区... 命令。弹出"建立选区"对话框，如图 8-44 所示。单击"确定"按钮即可将路径转换为选区，如图 8-45 所示。

图 8-43 图 8-44 图 8-45

单击"路径"面板下方"将路径作为选区载入"按钮 即可将路径转换为选区。

选区转换为路径 在图像中创建选区，如图 8-46 所示。单击"路径"面板右侧的 按钮，在弹出的菜单中选择 建立工作路径... 命令。弹出"建立工作路径"对话框，如图 8-47 所示。单击"确定"按钮即可将路径转换为选区，如图 8-48 所示。

图 8-46 图 8-47 图 8-48

单击"路径"面板下方"从选区生成工作路径"按钮 即可将选区转换为路径。

课堂练习	用钢笔工具抠图	
素材：第8章\ 8.2 用钢笔工具抠图	重点指数：★★★★	微课视频

操作思路： 使用钢笔工具沿着物体边缘绘制路径，一定要慢慢地仔细绘制，如图 8-49 所示。

图 8-49

8.3 编辑路径

对路径的大部分操作都是在"路径"面板中进行的，如新建路径、填充路径、路径和选区相互转换等。此外，使用路径还可以进行对齐与分布、变换、自定形状和改变堆叠顺序等操作。

8.3.1　用"路径"面板编辑路径

"路径"面板可用于存储和管理路径。"路径"面板中可以显示当前文件中包含的路径和矢量蒙版，可以执行路径编辑操作。

执行菜单栏中的"窗口">"路径"命令，打开"路径"面板，如图8-50所示。单击"路径"面板右侧的■按钮可弹出下拉菜单，如图8-51所示。在"路径"面板下方有7个按钮，如图8-52所示。

图8-50　　　　　　　　图8-51　　　　　　　　图8-52

用前景色填充路径 单击该按钮，将对当前选中的路径进行填充。按住"Alt"键并单击此按钮，将弹出"填充路径"对话框。

用画笔描边路径 单击该按钮，系统将使用当前的颜色和当前在"描边路径"对话框中设定的工具对路径进行描边。按住"Alt"键并单击此按钮，将弹出"描边路径"对话框。

将路径作为选区载入 单击该按钮，将把当前路径选取的范围转换成选区。按住"Alt"键并单击此按钮，将弹出"建立选区"对话框。

从选区生成工作路径 单击该按钮，将把当前的选区转换成路径。按住"Alt"键并单击此按钮，将弹出"建立工作路径"对话框。

添加蒙版 单击该按钮，可以为当前图层添加蒙版。

创建新路径 单击该按钮，可以创建一个新的路径。按住"Alt"键并单击此按钮，将弹出"新建路径"对话框。

删除当前路径 单击该按钮，可以删除选中路径，也可以直接拖动"路径"面板中的一个路径到此按钮上，将整个路径删除。

8.3.2　路径选择工具与直接选择工具

创建路径后，还可以进行修改。使用路径选择工具 可以选择和移动路径，使用直接选择工具 可以选择和移动锚点并调整路径的弧度。

选择锚点、路径段 要选择锚点或路径段，可以使用直接选择工具 。使用该工具单击一个锚点，即可选中这个锚点，选中的锚点显示为实心方块，未选中的锚点显示为空心方块，如图 8-53 所示；单击一个路径段时，可以选中该路径段，如图 8-54 所示。

移动锚点、路径段 使用直接选择工具 可以移动锚点和路径段。选中锚点，将锚点拖动到新位置，即可移动锚点，如图 8-55 所示；也可以同时选中锚点和路径并进行移动操作，用以改变路径形状。选中需要移动的路径段两端的锚点，拖动到新位置，即可移动路径段，如图 8-56 所示。

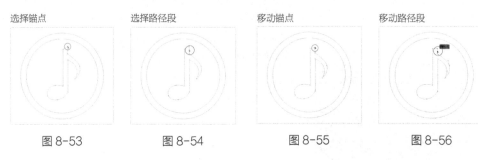

图 8-53　　　　图 8-54　　　　图 8-55　　　　图 8-56

修改路径弧度 使用直接选择工具 ，在曲线的锚点处单击，调出手柄，拖动手柄上方方向线的端点或下方方向线的端点，即可进行弧度调节，如图 8-57 和图 8-58 所示。

选择路径 使用路径选择工具 单击画面中的一个路径即可将该路径选中。使用该工具单击画面中小的圆形路径，如图 8-59 所示；使用路径选择工具 的同时，按住"Shift"键逐个单击，可以选中多个路径，图 8-60 所示为同时选中画面中的两个圆形路径。

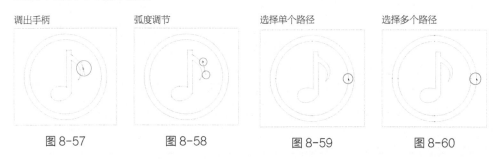

图 8-57　　　　图 8-58　　　　图 8-59　　　　图 8-60

移动路径 使用路径选择工具 选中需要移动的路径后，将鼠标指针放到所选路径的上方进行拖动，即可对路径进行移动。

8.4 综合实训：将素材转换为矢量图

素材： 第 8 章 \8.4 综合实训：将素材转换为矢量图

微课视频

实训目标

熟练掌握钢笔工具的使用方法，效果如图 8-61 所示。

模糊的位图

清晰的矢量大图

图 8-61

操作步骤

01 打开素材文件，将文字创建为选区。该图像的背景为白色，且文字边缘较为清晰，可以使用魔棒工具选取背景。在魔棒工具选项栏中取消勾选"连续"复选框，将鼠标指针移到画面背景上单击，可以选中所有背景，如图 8-62 所示。

02 按"Ctrl+Shift+I"组合键反选选区，选中文字，如图 8-63 所示。

图 8-62

图 8-63

03 将选区转为路径。单击"路径"面板中的"从选区生成工作路径"按钮 ，将选区转换为路径。

04 调整路径，使路径与文字边缘贴合。通过选区直接转换生成的路径通常不够平滑，用户需要放大画面，对细节进行调整。使用直接选择工具 在路径上单击，显示路径上的锚点，单击锚点，拖动锚点两端的延长线，即可调整路径形状，如图 8-64 所示。在调整路径的过程中，为了使路径更平滑，还可以使用添加锚点工具和删除锚点工具进行调整，调整后的效果如图 8-65 所示。

图 8-64

图 8-65

05 将路径转换为形状，更换形状颜色。使用钢笔工具，单击钢笔工具选项栏中的 形状 按钮，此时路径会自动被前景色填充并生成一个形状图层"形状 1"，效果如图 8- 66 所示。

06 选中"形状 1"图层，按两次"Ctrl+J"组合键，复制两个副本图层。将这 3 个图层分别重命名为"糖""棒 2""棒 1"，如图 8-67 所示（该操作的目的是为形状进行颜色填充）。

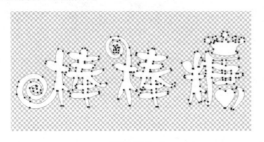

| 图 8-66 | 图 8-67 |

07 在"图层"面板中只显示"背景"图层，隐藏其他图层。双击"棒 1"图层的缩览图，即可打开"拾色器"对话框，设置该形状的颜色，将鼠标指针移至画面绿色处，此时鼠标指针呈 形状，单击选取该颜色，单击"确定"按钮，"棒 1"图层中的形状更改为绿色。按相同方法将"棒 2""糖"图层中的形状分别修改为橘黄色与蓝色，效果如图 8-68 所示。

08 使用路径选择工具，分别删除 3 个图层中多余的 2 个文字，并将 3 个图层组合。最终效果如图 8-69 所示。

| 图 8-68 | 图 8-69 |

提高审美素养

蔡元培认为，美育的目的在于陶冶人的感情，认识美丑，培养高尚的兴趣、积极进取的人生态度。美的事物对人有一种天生的吸引力，任何一个想要学好平面设计的人，都必须具备一定的审美素养。为了提高审美素养，我们可以自己去学习一些美术知识，掌握一些构图的技巧，多看优秀的设计作品，这些对提升自身的设计能力是很有帮助的。

📈 课后练习

一、选择题

1. 用钢笔工具绘制的线叫作（   ）。
   A. 直线   B. 选取   C. 路径   D. 蚂蚁线
2. 钢笔工具的快捷键为（   ）。
   A. K   B. P   C. M   D. G
3. 形状工具的快捷键为（   ）。
   A. U   B. V   C. P   D. B

二、判断题

1. 多边形工具最多能设置8条边。（   ）
2. 钢笔工具无法绘制直线路径。（   ）
3. 添加锚点工具可以在路径上任意添加锚点。（   ）

三、简答题

1. 形状工具的优点有哪些？
2. 如何使用钢笔工具创建波浪形状？
3. 转换点工具是做什么的，什么时候会用到？

四、操作题

1. 使用钢笔工具抠图（素材：第8章\课后练习）。
2. 使用钢笔工具制作S形丝带（素材：第8章\课后练习）。

第 9 章

蒙版与通道

本章内容导读

本章主要讲解蒙版与通道的原理，包括图层蒙版、剪贴蒙版、矢量蒙版、快速蒙版、通道与颜色以及通道与选区的应用技巧，并通过多个课堂练习进一步讲解它们在实际工作中的具体使用方法。

掌握重要知识点

● 掌握"通道"面板的操作方法。
● 掌握通道和蒙版的运用方法。
● 掌握通道与选区的应用。

学习本章后，读者能做什么

通过学习本章内容，读者可以借助图层蒙版对图像进行合成，轻松地隐藏或显示图像的部分区域，可以通过剪贴蒙版将图像限定在某个形状中，可以通过快速蒙版快速创建选区，还可以利用通道与选区的关系抠取人像、毛发、薄纱或水等较为复杂的对象。

9.1 关于蒙版

蒙版用于图像的修饰与合成，它本身不包含图像数据，只是对图像数据起遮挡作用，当对图层进行操作处理时，被遮挡的数据将不会受影响。蒙版主要可用于抠图、呈现图像的边缘淡化效果和融合图层。

例如，在创意合成的过程中，经常需要将图像的某些部分隐藏，以显示特定的内容，如果直接删掉或擦除图像的某些部分，被删除的部分将无法复原。而借助蒙版功能就能在不破坏图像内容的情况下，轻松实现隐藏或复原图像的某些部分。Photoshop 中的蒙版分为 4 种：图层蒙版、剪贴蒙版、矢量蒙版和快速蒙版。

9.2 图层蒙版

为某一个图层添加图层蒙版后，可以在图层蒙版上绘制黑色、白色或灰色，通过黑、白、灰来控制图层内容的显示或隐藏，如图 9-1 所示。

图层显示效果　　　　　　　　蒙版　　　　　　　　　　　"图层"面板

图 9-1

9.2.1 创建图层蒙版

创建图层蒙版有两种方式：一是在图像中没有选区的情况下，可以创建空白蒙版；二是在图像中包含选区的情况下创建图层蒙版，选区以内的图像会显示，选区以外的图像则被隐藏。

1. 直接创建图层蒙版

下面以处理杂志封面中的主图与杂志标题的关系为例，讲解直接创建图层蒙版的方法。

01 单击"刊名"图层，单击"图层"面板下方的"添加图层蒙版"按钮▣，在该图层缩览图的右边会出现一个图层蒙版缩览图，如图 9-2 所示。

图 9-2

蒙版小技巧

在"图层"面板中选中要创建蒙版的图层，直接单击"添加图层蒙版"按钮，可为图层添加白色图层蒙版；按住"Alt"键并单击"添加图层蒙版"按钮，可为图层添加黑色图层蒙版。

在默认状态下，添加图层蒙版时会自动填充白色，因此，蒙版不会对图层内容产生任何影响。如果想要隐藏某些内容，可以将蒙版中相应的区域涂抹为黑色；想让其重新显示，将相应区域涂抹为白色即可；想让图层内容呈现半透明效果，可以将蒙版涂抹为灰色。这些就是使用图层蒙版时的思路。

02 使用画笔工具对蒙版进行编辑。选用一个柔边圆画笔，将前景色填充为黑色，选择图层蒙版缩览图，使用画笔工具在画面中人物头发处的"NTA"上进行涂抹，将人物头发显示出来，效果如图 9-3 所示。

图 9-3

进入蒙版编辑状态 对蒙版进行编辑时，如果需要在文件窗口中直接对蒙版里的内容进行编辑，可以在按住"Alt"键的同时单击该蒙版的缩览图，选中蒙版并在文件窗口中显示该蒙版的内容。使用该方法也可以查看蒙版的涂抹情况。

2. 基于选区创建图层蒙版

在 Photoshop 中可以基于选区创建图层蒙版。例如，在对图像进行抠图操作时，将画面中需要提取的图像创建为选区，如果不想删除原图背景，可以使用蒙版将背景隐藏，完成抠图。

9.2.2 编辑图层蒙版

在图层上添加蒙版后，除了使用蒙版的"属性"面板对蒙版进行编辑外，还可以在"图层"面板中进行停用图层蒙版、应用图层蒙版、删除图层蒙版等操作。这些操作对于矢量蒙版同样适用。

1. 停用图层蒙版

停用图层蒙版可使添加在图层上的蒙版不起作用。进行该操作可方便地查看蒙版使用前后的对比效果。在图层蒙版缩览图上单击鼠标右键，在弹出的快捷菜单中选择"停用图层蒙版"命令，即可停用图层蒙版，使原图层内容全部显示出来，如图 9-4 和图 9-5 所示。

图 9-4　　　　　　　图 9-5

2. 应用图层蒙版

在"图层蒙版"停用的状态下，单击图层蒙版缩览图可以恢复显示图层蒙版效果；或者在图层蒙版缩览图上单击鼠标右键，在弹出的菜单中选择"应用图层蒙版"命令，也可以恢复显示图层蒙版效果（该方法适用于矢量蒙版）。

3. 删除图层蒙版

在 Photoshop 中可以通过两种方法删除图层蒙版，但得到的结果是有差异的。

第一种方法　在图层蒙版缩览图上单击鼠标右键，在弹出的菜单中选择"删除图层蒙版"命令，即可删除图层蒙版。

第二种方法　如果既要删除图层蒙版，又要保留图层蒙版的效果，可以选中蒙版，将其拖动到"图层"面板中的"删除"按钮上，此时会弹出图 9-6 所示的提示对话框，在该对话框中单击"应用"按钮，即可在删除图层蒙版的同时，将图层蒙版应用到图层上，效果如图 9-7 所示。

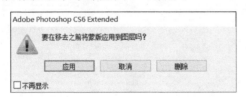

图 9-6　　　　　　　　　　图 9-7

 ## 9.3 剪贴蒙版

剪贴蒙版通过一个对象的形状来控制其他图层的显示区域，该形状之内的区域会显示出来，而该形状之外的区域则会被隐藏。

剪贴蒙版由两个及两个以上的图层组成，最下面一层叫基底图层（它的图层名称带有下划线），也叫遮罩，其他图层叫作剪贴图层（图层蒙版缩览图前带有 ⬇ 图标）。修改基底图层的形状会影响整个剪贴蒙版的显示区域；而修改某个剪贴图层，则只会影响本图层而不会影响整个剪贴蒙版。

原始图像如图 9-8 所示。在两个图层中间按住"Alt"键并单击，即可创建剪贴蒙版，如图 9-9 所示。最终效果如图 9-10 所示。

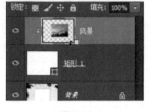

图 9-8   图 9-9   图 9-10

9.4 矢量蒙版

矢量蒙版是由钢笔工具、自定形状工具等矢量绘图工具创建的蒙版，与分辨率无关，无论怎样缩放都能保持光滑的轮廓，因此，常用来制作 Logo、按钮或其他 Web 设计元素。矢量蒙版将矢量图引入蒙版，为我们提供了一种可以在矢量状态下编辑蒙版的特殊方式。

选择自定形状工具，将"模式"设为路径，在图像上绘制一个形状，如图 9-11 所示。执行菜单栏中的"图层">"矢量蒙版">"当前路径"命令，即可添加矢量蒙版，效果如图 9-12 所示。使用直接选择工具 ➤ 可以修改路径形状，效果如图 9-13 所示。

图 9-11   图 9-12   图 9-13

课堂练习	制作蒙版画框	
素材：第9章\ 9.4 制作蒙版画框	重点指数：★★	

微课视频

操作思路：熟练使用蒙版工具、画笔工具制作图像的画框，使用文字工具和"字符"面板添加文字，最终效果如图 9-14 所示。

图 9-14

9.5 快速蒙版

快速蒙版是一种特殊的临时蒙版，它的作用就是创建选区。在使用快速蒙版时需要结合画笔工具进行操作。

通常在摄影后期处理中，用户在对图像进行局部处理时使用快速蒙版。例如，在对人物图像进行调色时，为了达到最佳的处理效果，需要对局部进行处理，使用快速蒙版可以把这些需要处理的局部区域快速创建成选区，以便进行单独调整。

原始图像效果如图 9-15 所示。 单击工具箱底部的"以快速蒙版模式编辑"按钮■或使用快捷键"Q"，使用画笔工具在人物面部、颈部进行涂抹，如图 9-16 所示。单击"以标准模式编辑"按钮■切换回正常模式，此时画笔工具所涂抹的区域转换为选区，最终效果如图 9-17 所示。

图 9-15

图 9-16

图 9-17

9.6 通道与颜色

通道的主要用途是保存图像的颜色信息和选区。通道分为颜色通道与复合通道，将颜色通道内的颜色进行叠加就会得到复合通道。通道可用于调色，也可用于抠图。

认识通道与选择通道

打开一幅图像，Photoshop 会在"通道"面板中自动创建它的颜色通道，如图 9-18 所示。通道记录了图像内容和颜色的信息。修改图像内容或调整图像颜色，颜色通道中的灰度图像就会发生相应的改变。

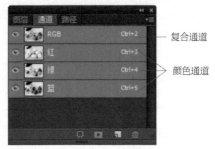

图 9-18

复合通道 是以彩色显示的，位于"通道"面板的最上层。在复合通道下可以同时预览和编辑所有的颜色通道。

颜色通道 位于复合通道的下方，通道中的颜色通道取决于该图像中每种单一色调的数量，并以灰度图像性质来记录颜色的分布情况。单击"通道"面板中的某个颜色通道即可选中该颜色通道，文件窗口中会显示所选颜色通道的灰度图像。按住"Shift"键并单击多个颜色通道，可以将它们同时选中，此时窗口中会显示所选颜色通道的复合信息。

课堂练习	利用通道调整图像的颜色
素材：第9章\ 9.6 利用通道调整图像的颜色	重点指数：★★★

微课视频

操作步骤

01 打开素材。

02 执行菜单栏中的"图像" > "模式" > "Lab 颜色"命令，将图像由 RGB 颜色模式转换为 Lab 颜色模式，该操作的目的是利用 Lab 颜色模式的"明度"通道与背景混合，降低图像饱和度，如图 9-19 所示。

图 9-19

03 单击"通道"面板，单击"明度"通道缩览图，进入"明度"通道，此时图像变为黑白色。按"Ctrl+A"组合键，选中整个画面，然后按"Ctrl+C"组合键，复制"明度"通道的信息至剪贴板备用，如图 9-20 所示。

04 执行菜单栏中的"图像" > "模式" > "RGB 颜色"命令，将 Lab 颜色模式转换为 RGB 颜色模式。在"图层"面板中，按"Ctrl+V"组合键，粘贴第二步中复制的 Lab 颜色模式的"明度"通道的信息，获得"图层 1"图层。将"图层 1"图层的"不透明度"设置为 25%，在不损失细节、不降低明度的前提下，成功降低图像的色彩饱和度，如图 9-21 所示。最后创建"色彩平衡"调整图层，将黄色与蓝色滑块调整为 +60，完成制作，如图 9-22 所示。

图 9-20   图 9-21   图 9-22

 ## 9.7 通道与选区

9.7.1 选区

在"通道"面板中选中任何一个颜色通道，然后单击"通道"面板下方的"将通道作为选区载入"按钮，即可载入通道选区，通道中的白色部分为选区内部，黑色部分为选区外部，灰色部分为羽化区域，如图 9-23 所示。颜色通道是灰度图像，排除了颜色的影响，便于用户进行明暗调整。通过将通道转换为选区，用户可以进行一些较为复杂的抠图操作。

图 9-23

课堂练习 抠取海报素材

素材：第9章\ 9.7 抠取海报素材   重点指数：★★★★

微课视频

通过通道抠图是一种比较专业的抠图方法，能够抠出使用其他抠图方法无法抠出的对象。对于人像、毛发、薄纱或水等一些比较特殊的对象来说，都可以尝试使用通道进行抠图。下面以一张化妆品模特的水中摄影图为例，介绍使用通道抠图的方法。

01 打开素材，由于图像的白色背景无法与化妆品海报的背景融合，因此需要将化妆品模特和水花抠取出来进行图像的合成。

02 打开"通道"面板，分别单击"红""绿""蓝"通道，观察窗口中的图像，找到主体与背景反差最大的颜色通道，可以看到"蓝"通道中人物与背景的明暗对比最清晰，如图 9-24 所示。

"红" 通道   "绿" 通道   "蓝" 通道

图 9-24

[03] 选中 "蓝" 通道并将其拖动到 "创建新通道" 按钮 上进行复制（不要在原通道上进行操作，否则会改变图像的整体颜色），得到 "蓝 拷贝" 通道，如图 9-25 所示。按 "Ctrl+L" 快捷键弹出 "色阶" 对话框，在 "输入色阶" 选项组中，向右拖动 "黑色" 滑块至 45，调暗阴影区域，向右拖动 "灰色" 滑块至 0.10，调暗中间调，将模特和水花压暗，如图 9-26 所示，效果如图 9-27 所示。

图 9-25   图 9-26   图 9-27

[04] 使用画笔工具，将前景色设置为黑色，在人物处涂抹，然后降低画笔工具的 "不透明度"，在水花处涂抹，使水花呈现半透明状态，如图 9-28 所示。

[05] 单击 "通道" 面板下方的 "将通道作为选区载入" 按钮 ，将 "蓝 拷贝" 通道创建为选区，如图 9-29 所示，按 "Ctrl+Shift+I" 组合键反选选区，如图 9-30 所示。

图 9-28   图 9-29   图 9-30

[06] 单击 "RGB" 复合通道，返回 "图层" 面板，如图 9-31 所示，按 "Ctrl+J" 组合键，将选区中的图像创建为一个新图层，完成抠图操作，图 9-32 所示为将背景图层隐藏后的效果。

图 9-31   图 9-32

07 此时可以将抠取出的图像合成到化妆品海报中，效果如图 9-33 所示。

图 9-33

9.7.2　Alpha通道

创建的选区越复杂，创建时花费的时间也就越长。为了避免因失误丢失选区，或者为了方便以后继续使用或修改，应该及时把选区保存起来。Alpha 通道就是用来保存选区的。将选区保存到 Alpha 通道后，执行菜单栏中的"文件">"存储为"命令，选择 PSB、PSD、PDF 或 TIFF 等格式就可以保存 Alpha 通道。

Alpha 通道有 3 种用途：一是用于保存选区；二是可以将选区存储为灰度图像，这样就可以通过用画笔编辑 Alpha 通道来修改选区；三是可以作为选区载入。在 Alpha 通道中，白色代表了选区内部，黑色代表了选区外部，灰色代表了羽化区域。用白色涂抹 Alpha 通道中的图像可以扩大选区范围，用黑色涂抹 Alpha 通道中的图像可以收缩选区范围，用灰色涂抹 Alpha 通道中的图像可以扩大羽化范围。

以当前选区创建 Alpha 通道　该功能相当于将选区储存在通道中，需要使用的时候可以随时调用。

图 9-34

而且将选区创建为 Alpha 通道后，选区变成可见的灰度图像，对灰度图像进行编辑即可达到对选区形态进行编辑的目的。当图像中包含选区时，如图 9-34 所示，单击"通道"面板下方的"将选区存储为通道"按钮■，即可得到一个 Alpha 通道，如图 9-35 所示，选区会存入其中。

将 Alpha 通道转为灰度图像 在"通道"面板中将其他通道隐藏，只显示 Alpha 通道，此时画面中显示灰度图像，这样就可以使用画笔工具对 Alpha 通道进行编辑。

图 9-35

将 Alpha 通道转为选区 单击"通道"面板下方的"将通道作为选区载入"按钮■，即可载入存储在通道中的选区。

9.8 综合实训：制作梦幻烟雾效果

素材： 第 9 章 \9.8 综合实训：制作梦幻烟雾效果

实训目标

熟练掌握通道面板、蒙版的使用方法。

微课视频

操作步骤

01 打开素材，在"通道"面板中查看各通道的烟雾效果，如图 9-36 所示。可以看出，"蓝"通道中的烟雾清晰轻薄，质感最好。

"红"通道

"绿"通道

"蓝"通道

图 9-36

02 选中"蓝"通道并将其拖动到"创建新通道"按钮 🔲 上进行复制，如图 9-37 所示，得到"蓝 拷贝"通道。单击"将通道作为选区载入" 🔳 按钮，选区效果如图 9-38 所示。

03 在"图层"面板中单击"添加图层蒙版"按钮，抠出的素材如图 9-39 所示。打开"背景"图层，将抠出的烟雾拖曳进去，如图 9-40 所示。

图 9-37

图 9-38

图 9-39

图 9-40

04 调整烟雾的大小和位置，最终效果如图 9-41 所示。

图 9-41

以青春的名义，向改革开放致敬

改革开放是创造"中国奇迹"的强大动力。透过 40 多年改革开放中创造的"中国奇迹"，改革开放的力量涌动奔腾，中国特色社会主义这条光明大道已经真实而清晰地展现在我们面前。但是，我们对中国特色社会主义事业发展规律的认识并没有完结，发展新时代中国特色社会主义还任重而道远。同学们，我们作为新时代的开创者应当勇敢肩负起时代赋予的重任，紧跟党高高举起中国特色社会主义伟大旗帜，书写无愧于历史和时代的青春篇章。有理想，才有实现奋斗目标的可能；有本领，才能为实现理想做铺垫。

📈 课后练习

一、选择题

1.按（　　）键可以使图像使用快速蒙版。

A. F　　　　　　　B. Q　　　　　　　C. N　　　　　　　D. X

2.若在Photoshop中，当前图像中存在一个选区，按"Alt"键并单击"添加蒙版"按钮，与不按"Alt"键并单击"添加蒙版"按钮，其区别是下列哪一项所描述的？（　　）

A. 蒙版恰好是反相的关系

B. 没有区别

C. 前者无法创建蒙版，而后能够创建蒙版

D. 前者在创建蒙版后选区仍然存在，而后者在创建蒙版后选区不再存在

3.将图层蒙版缩略图拖至"图层"面板下方的"删除"按钮上时，实现的操作是（　　）。

A. 删除图层蒙版但保留效果

B. 删除图层蒙版及其图层

C. 删除图层蒙版及其效果

D. 弹出一个对话框，提示"要在移去之前将蒙版应用到图层吗？"

二、判断题

1.蒙版是通过遮挡来隐藏或显示图层的。（　　）

2.在蒙版中黑色画笔可以隐藏图层，白色画笔可以显示图层。（　　）

3.Alpha通道指的就是透明通道。（　　）

三、简答题

1.简述剪贴蒙版与图层蒙版的区别。

2.如何使用蒙版将两幅图像融合在一起？

3.在Photoshop中，通道可以分为哪几种？

四、操作题

1.使用通道完成背景复杂的抠图（素材：第9章＼课后练习）。

2.使用蒙版合成风景照片（素材：第9章＼课后练习）

第 10 章

滤镜的应用

> ### 本章内容导读

本章主要讲解滤镜的应用，包括滤镜分类、滤镜的重复使用以及滤镜的使用技巧等，以帮助读者通过使用滤镜制作多变的图像特效。

> ### 掌握重要知识点

- 掌握滤镜库的使用方法。
- 掌握对图像局部使用滤镜的技巧。
- 掌握常用滤镜的应用方法。

> ### 学习本章后，读者能做什么

通过学习本章内容，读者可以掌握对图像应用滤镜的方法，从而做到增强画面清晰度、制作镜头景深效果、模拟高速跟拍效果，还可以模拟各种绘画效果，如素描效果、油画效果、水彩画效果等。

10.1 滤镜库与滤镜的使用方法

滤镜这个词本义是指安装在相机镜头前用来改变照片颜色或制造特殊拍摄效果的一种配件。例如，安装中灰渐变镜可以减少通过镜头的光线，避免画面过曝，而安装柔光镜可以制造一种朦胧、柔和的效果。在Photoshop中，滤镜的概念被扩大了，借助计算机的计算有了更多的功能，如把图像变成油画、木刻、素描等特殊效果，为图像打上马赛克等都属于滤镜。在Photoshop中共有14个滤镜，可分为两类：一类是破坏性滤镜，另一类是校正性滤镜。

Photoshop的滤镜库将常用的滤镜组汇总在一个面板中，并提供了预览区可以直观查看效果。Photoshop的滤镜菜单下提供了多种滤镜，选择不同的滤镜命令，可以呈现奇妙的图像效果。

10.1.1 滤镜库

滤镜库是多个滤镜组的合集，这些滤镜组中包含了大量的滤镜。用户在滤镜库中可以选择一个或多个滤镜并将其应用于所选图层，同时还可以进行参数调整，以达到想要的效果。

执行菜单栏中的"滤镜">"滤镜库"命令，即可打开"滤镜库"对话框，如图10-1所示。其中包含6个滤镜组，同一组滤镜基本能达到类似的效果。单击某个滤镜组即可将其展开，然后在该滤镜组中单击某个滤镜，即可为当前画面应用滤镜效果，然后在右侧选项中调整参数，即可在左侧的预览区域查看滤镜效果，如图10-2所示。

图 10-1

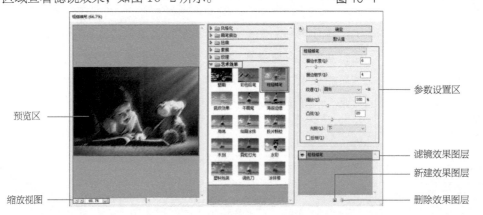

图 10-2

重复应用滤镜

当应用完一个滤镜后，"滤镜库"对话框的上方会显示该滤镜的名称，单击该命令或按"Ctrl+F"组合键，即可再次对图像应用相同的滤镜效果。

10.1.2　对图像局部使用滤镜

我们可以使用选区工具对局部图像使用滤镜，如图10-3所示，对选区中的图像使用"玻璃"滤镜，效果如图10-4所示。我们还可以先对选区进行羽化，再使用滤镜，这样就可以使图像边缘更加柔和。当设置羽化效果后，再次使用滤镜，最终效果如图10-5所示。

图 10-3　　　　　　　　图 10-4　　　　　　　　图 10-5

10.1.3　对通道使用滤镜

在 Photoshop 中，我们不仅可以对图层使用滤镜，还可以对通道使用。如果分别对不同的通道使用滤镜，可以得到一种意想不到的效果。原始图像如图10-6所示，对图像的"红""蓝"通道分别使用"径向模糊"滤镜后得到的效果如图10-7所示。

图 10-6　　　　　　　　图 10-7

10.2 应用滤镜

在 Photoshop 中，滤镜分为六大部分，每一部分用横线隔开。

第一部分为"上次滤镜操作"，如果没有使用过滤镜，此命令不可用。第二部分为"转换为智能滤镜"，智能滤镜支持随时对滤镜进行修改。第三部分的滤镜功能比较强大且单独在"滤镜"菜单中列出，有些更像独立的软件，因此被称为"特殊滤镜"。第四部分包含多个"滤镜组"，每一组又包含多个滤镜。第五部分为"Digimarc"。第六部分为"浏览联机滤镜"，如图 10-8 所示。"滤镜"菜单中的滤镜种类非常多，不同类型的滤镜可制作的效果也不同，本章主要介绍日常工作中常用的滤镜。

图 10-8

10.2.1 "液化"滤镜

"液化"滤镜可通过改变图像中像素的位置，从而达到调整图像形状的目的。在对人像进行处理时，经常会用到"液化"滤镜，其可以起到瘦脸、瘦腿、放大眼睛等作用。在部分风光图像中对某些形状进行调整时，也会用到该滤镜。

执行菜单栏中的"滤镜" > "液化"命令，即可弹出参数对话框。

下面以对一个眼霜广告中的产品模特进行面部修饰为例，讲解"液化"滤镜的具体应用方法。

01 打开素材文件，从图中可以看到人物眼睛有点小，面部略宽，如图 10-9 所示。

02 使用膨胀工具 ，单击眼睛，将眼睛调大。然后使用向前变形工具 ，适当调整画笔大小与压力。在人物左脸边缘处按住鼠标左键不放，向右拖动鼠标指针，即可缩小面部，右侧同理。效果如图 10-10 所示。

图 10-9

图 10-10

03 将调整好的产品模特图像合成到眼霜宣传广告中，如图 10-11 所示。

图 10-11

液化工具

　　"液化"对话框中包含向前变形工具 🖐、褶皱工具 🖛、膨胀工具 ◈ 等多种变形工具，分别可以对图像进行推、拉、膨胀等操作，并且使用这些工具对图像涂抹后，如果效果不满意，还可以使用重建工具 ✅ 对图像进行还原。

课堂练习 使用液化工具制作特殊文字效果

素材：第10章\ 10.2 使用液化工具制作特殊文字效果　重点指数：★★★

微课视频

操作步骤

　　01 新建文件，"宽度"与"高度"分别设为 2500 像素与 1000 像素，"背景内容"设为白色。

　　02 使用文字工具，将前景色修改为黑色，输入"DEMON"。

　　03 执行菜单栏中的"滤镜">"液化"命令，在弹出的对话框中使用向前变形工具 🖐，勾出"触角"。最终效果如图 10-12 所示。

图 10-12

10.2.2　"消失点"滤镜

　　通过使用"消失点"滤镜，我们可以在图像中指定平面，然后进行如绘画、仿制、拷贝或粘贴以及变换等编辑操作。执行菜单栏中的"滤镜">"消失点"命令，即可弹出参数对话框。

　　下面以为某书添加封面为例，讲解"消失点"滤镜的具体应用方法。

　　打开图像，如图 10-13 所示，复制"图层 1"并隐藏，选择"样机"图层然后执行菜单栏中的"滤镜">"消失点"命令。在弹出的参数对话框左侧选择"创建平面工具"按钮 📐，在图像上的书面四角处单击，如图 10-14 所示。节点将会自动连接成透视平面。此时粘贴"图层 1"，按住鼠标左键，将该图层拖至透视平面内。效果如图 10-15 所示。

图 10-13

图 10-14

图 10-15

10.2.3 "风格化"滤镜

"风格化"滤镜可以强化图像的色彩边界，营造印象派绘画的效果。

执行菜单栏中的"滤镜">"风格化"命令，在其子菜单中可以看到多种滤镜，如图 10-16 所示，依次单击以应用滤镜，效果如图 10-17 所示。

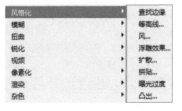

图 10-16

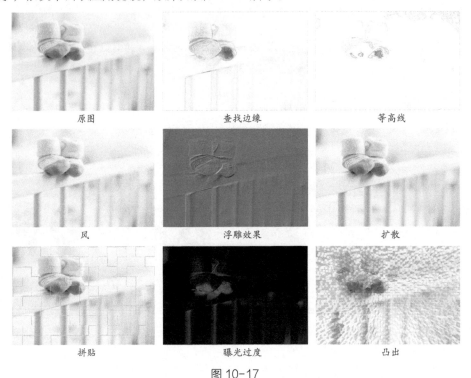

原图	查找边缘	等高线
风	浮雕效果	扩散
拼贴	曝光过度	凸出

图 10-17

10.2.4 "模糊"滤镜

"模糊"滤镜可以为图像应用模糊效果，不但可以淡化边界，使图像变得柔和，还可以对人像进行磨皮处理、制作镜头景深效果或模拟高速跟拍效果等。

执行菜单栏中的"滤镜">"模糊"命令，在其子菜单中可以看到多种滤镜，如图 10-18 所示，依次单击以应用滤镜，效果如图 10-19 所示。

图 10-18

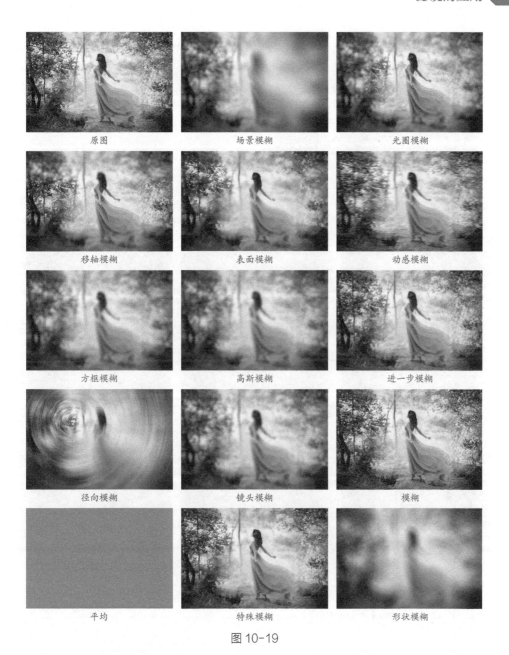

图 10-19

10.2.5 "扭曲"滤镜

"扭曲"滤镜通过使图像扭曲变形来实现各种效果。

打开素材，如图 10-20 所示。执行菜单栏中的"滤镜">"扭曲"命令，在其子菜单中可以看到多种滤镜，如图 10-21 所示，依次单击以应用滤镜，效果如图 10-22 所示。

图 10-20 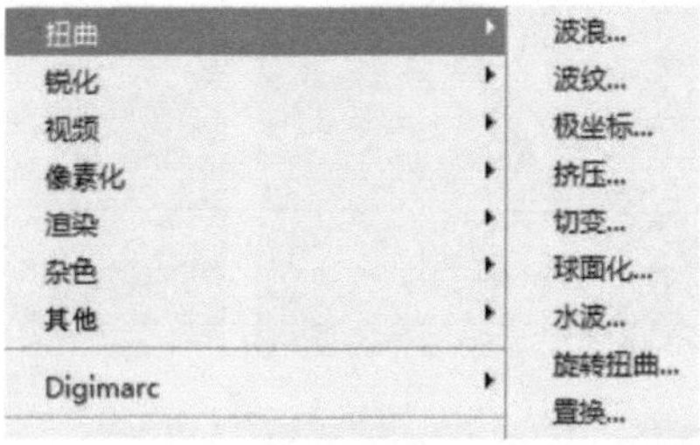　　　　　　　　　　　　　　图 10-21

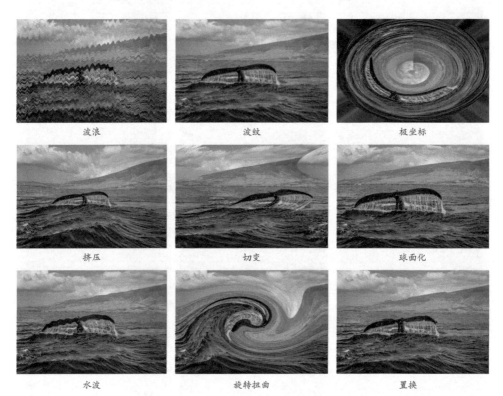

波浪　　　　　　　　　波纹　　　　　　　　　极坐标

挤压　　　　　　　　　切变　　　　　　　　　球面化

水波　　　　　　　　　旋转扭曲　　　　　　　置换

图 10-22

10.2.6　"锐化"滤镜

"锐化"滤镜可以通过增强相邻像素间的对比度来聚集模糊的图像，使图像变得清晰。

执行菜单栏中的"滤镜">"锐化"命令，在其子菜单中可以看到多种滤镜，如图 10-23 所示，依次单击以应用滤镜，效果如图 10-24 所示。

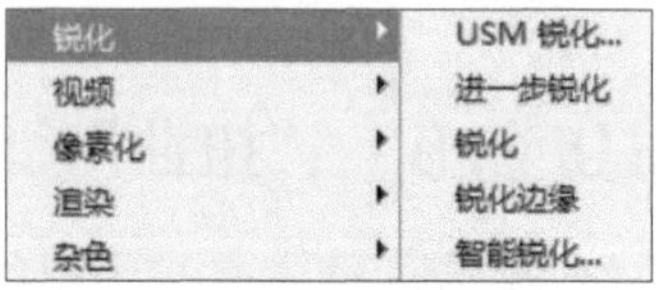

图 10-23

图 10-24

10.2.7 "像素化"滤镜

　　"像素化"滤镜可以通过使用单元格中的颜色值相近的像素结成色块的方法，得到像素化的图像效果。

　　执行菜单栏中的"滤镜">"像素化"命令，在其子菜单中可以看到多种滤镜，如图 10-25 所示，依次单击以应用滤镜，效果如图 10-26 所示。

图 10-25

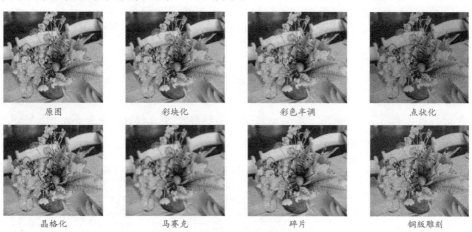

图 10-26

10.2.8 "渲染"滤镜

　　"渲染"滤镜可以起到为图像增加光效和渲染气氛的作用。

　　执行菜单栏中的"滤镜">"渲染"命令，在其子菜单中可以看到多种滤镜，如图 10-27 所示，依次单击以应用滤

图 10-27

镜，效果如图 10-28 所示。

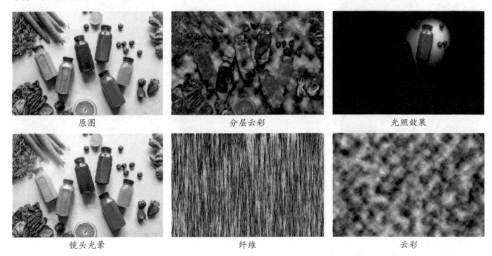

原图　　　　　　分层云彩　　　　　　光照效果

镜头光晕　　　　　　纤维　　　　　　云彩

图 10-28

10.2.9　"高反差保留"滤镜

"高反差保留"滤镜主要用于将图像中颜色、明暗反差较大的两部分的交界处保留下来，提高图像清晰度和磨皮。

执行菜单栏中的"滤镜">"其他">"高反差保留"命令，在弹出的对话框中可以修改"半径"大小，如图 10-29 所示。

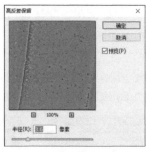

图 10-29

课堂练习	使用"高反差保留"滤镜磨皮

素材：第10章\ 10.2.9 使用"高反差保留"滤镜磨皮 重点指数：★★★★

微课视频

处理前后效果如图 10-30 所示。

操作步骤

01 打开素材文件，进入"通道"面板，选择瑕疵最明显的通道，这里选择"蓝"通道。选中"蓝"通道，按住鼠标左键并将其拖曳至"创建新

原图　　　　　　　　　效果图

图 10-30

通道"按钮处，复制"蓝"通道，得到一个副本"蓝 拷贝"通道，如图 10-31 所示。

02 执行菜单栏中的"滤镜">"其他">"高反差保留"命令，在打开的"高反差保留"对话框中，设置"半径"值为9像素，单击"确定"按钮，如图10-32所示。"高反差保留"滤镜将图像中明暗差别或色差较大的部分保留下来，而将其他部分以灰度图像进行显示，如图10-33所示。

 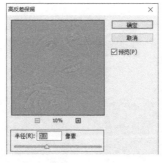 

图 10-31 图 10-32 图 10-33

03 执行3次"计算"操作，强化明暗对比。执行菜单栏中的"图像">"计算"命令，打开"计算"对话框，设置"混合"为强光，其他参数保持默认设置，如图10-34所示。单击"确定"按钮完成操作，在"通道"面板中可以看到自动生成了一个"Alpha 1"通道。选中"Alpha 1"通道，执行"计算"操作，得到"Alpha 2"通道；选中"Alpha 2"通道，执行"计算"操作，得到"Alpha 3"通道，如图10-35所示。操作后，在画面中可以很明显地看到人物面部的瑕疵。

图 10-34 图 10-35

04 设置前景色为灰色，色值为"R128 G128 B128"，使用画笔工具在眼睛、嘴巴、手等处涂抹，使磨皮效果不会影响此处，如图10-36所示。

05 按住"Ctrl"键同时单击"Alpha 3"通道，此时在画面中的高光区域建立选区，执行菜单栏中的"选择">"反选"命令或按"Shift+Ctrl+I"组合键反选选区，将暗部斑点创建为选区，如图10-37和图10-38所示。

06 选中"通道"面板顶端的"RGB"复合通道，然后切换回"图层"面板（注意这一步一定不能忽略，此时画面显示彩色，如果直接回到"图层"面板，则画面显示"蓝"通道的灰度颜色），如图10-39和图10-40所示。

图 10-36　　　　　　　　　图 10-37　　　　　　　　　图 10-38

按住 "Ctrl" 键并单击

图 10-39　　　　　　　　　图 10-40

07　创建"曲线"调整图层，此时该调整图层只对选区中的内容起作用。在其"属性"面板中，选择"RGB"通道，在曲线上的中间调区域添加控制点，设置"输入"值为 117，设置"输出"值为 156，如图 10-41 所示，提亮画面。调整后，人物皮肤变得细腻光滑，面部的斑点基本被去除，如图 10-42 所示。

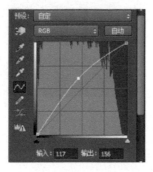

图 10-41　　　　　　　　　图 10-42

08　对面部的细小瑕疵进行去除。按"Alt+Shift+Ctrl+E"组合键，将图像效果盖印到一个新的图层中，命名为"去除瑕疵"，使用污点修复画笔工具 ▨ 将面部瑕疵去除，如图 10-43 和图 10-44 所示。

09　提亮肤色。按"Ctrl+J"组合键复制"去除瑕疵"图层，重命名为"滤色提亮"，设置图层"混合模式"为滤色，"不透明度"为 45%，如图 10-45 所示。

最终效果如图 10-46 所示。

图 10-43

图 10-44

图 10-45

图 10-46

10.3 综合实训：炫酷科技线条

素材：第 10 章 \10.3 综合实训：炫酷科技线条

实训目标

熟练应用滤镜，使用"色相 / 饱和度"命令着色。

微课视频

操作步骤

01 新建"宽度""高度"分别为 500 毫米与 300 毫米，"分辨率"为 72 像素 /
英寸的白底文件，如图 10-47 所示。

02 执行菜单栏中的"滤镜" > "渲染" > "云彩"命令，效果如图 10-48 所示。

03 执行菜单栏中的"滤镜" > "像素化" > "马赛克"命令，"单元格大小"
设为 30，效果如图 10-49 所示。

04 执行菜单栏中的"滤镜" > "模糊" > "径向模糊"命令，"数量"设为 30，
"模糊方法"设为缩放，"品质"设为最好，效果如图 10-50 所示。

图 10-47

图 10-48

图 10-49

05 执行菜单栏中的"滤镜">"风格化">"查找边缘"命令，效果如图 10-51 所示。

06 使用"Ctrl+F"组合键再次应用"查找边缘"滤镜，使边缘更加明显，效果如图 10-52 所示。

图 10-50

图 10-51

图 10-52

07 执行菜单栏中的"图像">"调整">"反相"命令，效果如图 10-53 所示。

08 执行菜单栏中的"图像">"调整">"色相/饱和度"命令，在弹出的对话框中，勾选"着色"复选框，如图 10-54 所示，并调整颜色。最终效果如图 10-55 所示。

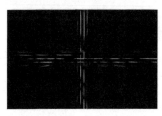
图 10-53

图 10-54

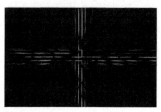
图 10-55

素养课堂

立德树人

　　"立德"就是确立培养崇高的思想品德，"树人"即培养高素质的人才。我们作为新时代的青年，要兼具良好品性与专业技术，并具备快速学习、沟通表达、适应环境、解决问题等综合能力，适应国家建设知识型、技能型、创新型劳动者大军的需要，更加重视我们的综合素质。面对智能时代的到 来，面对产业升级和职业岗位变化的提速，技术技能人才的基本要求和综合素质需要不断提升，同时发展自信和健全的人格。

课后练习

一、选择题

1.滤镜可以大致分为两大类，分别是（　　）。

   A.修改性滤镜和修补性滤镜 　　B.增强性滤镜和减弱性滤镜

   C.破坏性滤镜和校正性滤镜 　　D.模糊性滤镜和校正性滤镜

2.如果扫描的图像不够清晰，可用（　　）滤镜弥补。

   A.像素化 　　　　B.风格化 　　　　C.锐化 　　　　　D.扭曲

3.下列可以使图像产生立体光照效果的滤镜是（　　）。

   A.风 　　　　　　B.等高线 　　　　C.浮雕效果 　　　D.查找边缘

二、判断题

1.在CMYK颜色模式下滤镜也都可用。（　　）

2.在Photoshop中，"滤镜"＞"渲染"＞"光照效果"命令无法在没有任何像素的图层中运行。（　　）

3.在Photoshop中，"光照效果"滤镜只在RGB颜色模式的图像中应用。（　　）

三、简答题

1."锐化"滤镜的原理是什么？

2.当滤镜的好多功能无法使用时，原因是什么？如何解决？

3.如何快速使用上一次用过的滤镜，并重新修改参数？

四、操作题

1.使用滤镜制作彩色云彩（素材：第10章\课后练习）。

2.使用滤镜制作水中倒影（素材：第10章\课后练习）。

第11章

动作的应用

本章内容导读

本章主要讲解几种能在工作中减少重复操作、提高效率的快捷功能。

掌握重要知识点

- 掌握"动作"面板的使用方法。
- 掌握创建动作的方法。

学习本章后，读者能做什么

通过学习本章内容，读者能够快速对大量图像进行相同的操作，如为大量图像修改尺寸、格式或颜色模式，为组图进行批量风格化调色、批量添加水印等，轻松应对大量重复工作。

11.1 Photoshop 自动化处理

自动化处理是 Photoshop 中的辅助功能，在某些场合下它能减少重复性操作，极大提高工作效率。其常用的功能包括"动作""批处理"。

其中，"动作"面板可以将 Photoshop 中的一系列操作记录下来。以后用户在对其他文件做相同操作时，只需要将记录的操作播放一遍，即可对该文件进行相同的调整。

"批处理"命令可以对一个文件夹中的所有文件设置动作。动作是批处理的基础，在进行批处理前首先要设置动作然后进行批处理。也就是说，动作是通过单个播放来实现文件处理的，而批处理是软件自动对文件夹中的所有文件进行动作播放处理。

11.2 动作

"动作"面板常用于记录、播放、编辑、删除等操作。

11.2.1 "动作"面板

执行菜单栏中的"窗口">"动作"命令或按组合键"Alt+F9"，可以打开"动作"面板，如图 11-1 所示。单击右上角的■按钮可以弹出下拉菜单，如图 11-2 所示。

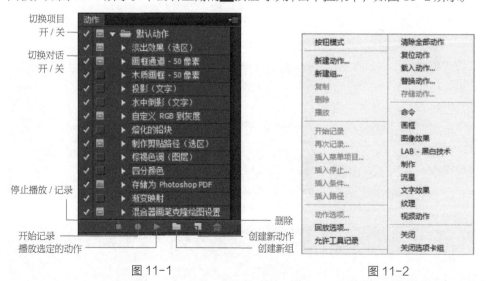

图 11-1   图 11-2

下面以对图 11-3 和图 11-4 所示的两幅图像进行调色为例，讲解如何记录与播放动作。

原图　　　　　效果图　　　　　原图　　　　　效果图

图 11-3　　　　　　　　　　　图 11-4

01 创建与记录动作。打开素材 1，如图 11-5 所示。执行菜单栏中的"窗口">"动作"命令，打开"动作"面板。单击"动作"面板下方的"创建新组" 按钮，创建"组 1"，然后单击"创建新动作" 按钮，如图 11-6 所示，在弹出的"新建动作"对话框中设置动作名称，单击"记录"按钮，如图 11-7 所示，然后单击"开始记录"按钮 。

图 11-5　　　　　　图 11-6　　　　　　图 11-7

02 新建一个"色彩平衡"调整图层，在中间调区域进行调整，打造明亮清新的淡绿色调。在"色调"选项中选择中间调，向左拖动青色与红色滑块，增加青色；向右拖动洋红与绿色滑块，增加绿色；向右拖动黄色与蓝色滑块，增加蓝色。

参数调整如图 11-8 所示，效果如图 11-9 所示。

03 单击"动作"面板下方的"停止播放/记录"按钮 ，完成动作的录制操作，如图 11-10 所示。此时在"动作"面板中即可看到刚录制好的动作，如图 11-11 所示。

04 播放动作。打开素材 2，如图 11-12 所示。在"动作"面板中，单击"淡绿色小清新色调"动作，然后单击"播放选定

图 11-8　　　　　　　　　　图 11-9

图 11-10　　　　　　　　　图 11-11

的动作"按钮▶，进行动作播放，如图 11-13 所示。播放效果如图 11-14 所示。

图 11-12

图 11-13

图 11-14

11.2.2 在动作中插入命令

用户在录制好一个动作后，也可以插入遗漏的命令，如在上一实例中，在录制完调色动作后，用户还可以将保存和关闭操作命令录入动作，具体操作步骤如下。

01 在"动作"面板中选中"设置 当前 调整图层"动作，然后单击"开始记录"按钮●，即可在该动作下继续录制，如图 11-15 所示。

02 执行"文件">"存储为"命令保存文件，然后将文件关闭，单击"动作"面板下方的"停止播放 / 记录"按钮■，完成动作录制，如图 11-16 所示。

图 11-15

图 11-16

提示

播放动作时，也可以选择从动作中的部分命令开始播放。单击动作前面的▷按钮可以展开动作，选择其中一条命令，单击"播放选定的动作"按钮▶，即可从选定的命令开始进行动作的播放。

11.2.3 在动作中插入停止

插入停止是指动作播放到某一步时自动停止，这样就可以执行无法录制为动作的任务（例如，使用画笔工具进行绘制）。

在"动作"面板中选中一个动作，然后单击面板中的■按钮，在弹出的下拉菜单中选择"插入停止"命令，如图 11-17 所示。

此时会弹出"记录停止"对话框，在对

图 11-17

话框中输入信息，并勾选"允许继续"复选框，然后单击"确定"按钮，如图 11-18 所示。此时，"停止"动作会插入"动作"面板中，如图 11-19 所示。

图 11-18

图 11-19

在播放动作时，当播放到"停止"动作时，Photoshop 会弹出一个"信息"对话框。单击"继续"按钮，会继续播放后面的动作时；单击"停止"按钮，则会停止播放动作，停止后可以进行其他操作，如图 11-20 所示。

图 11-20

11.2.4 复位动作

当需要将"动作"面板恢复初始状态时，单击"动作"面板中的■按钮，在弹出的下拉菜单中选择"复位动作"命令，如图 11-21 所示，此时弹出对话框询问"是否替换当前动作？"，单击

图 11-21

图 11-22

"确定"按钮即可将"动作"面板恢复到初始状态，如图 11-22 所示。

提示

　　动作功能只记录对图像有实际性改变的操作，类似移动窗口或改变视图比例的操作是不会被记录的。另外，对于使用动作处理后的文件，建议将其保存到其他目录中，这样可以避免原始文件被覆盖。

11.2.5 载入预设动作

Photoshop 中包含多种预设动作供用户使用，除了"动作"面板中显示的"默认动作"外，"动作"面板菜单中也包含一些预设动作组，用户可以将这些动作组载入"动作"面板中使用。

01 打开素材，如图 11-23 所示，单击"动作"面板中的■按钮。弹出的下拉菜单底部有多个预设动作组，如图 11-24 所示，选择其中的一个动作组，就可以将该动作组载入"动作"面板，如选择"画框"动作组，该动作组即可出现在"动作"面板中，如图 11-25 所示。

图 11-23　　　　　　　　图 11-24　　　　　　　　图 11-25

02 在"画框"动作组中，选择其中一个动作进行播放即可应用效果。本例中选择"照片卡角"动作，然后单击"播放选定的动作"按钮 ，如图 11-26 所示。动作播放后的效果如图 11-27 所示。

图 11-26　　　　　　　　图 11-27

课堂练习	载入外部动作
素材：第11章\ 11.2.5 载入外部动作	重点指数：★★

当 Photoshop 里的预设动作无法满足用户的需求时，用户可以在一些设计类素材网站上下载动作资源，然后通过"载入动作"命令将下载的外部动作载入Photoshop 中使用，具体操作方法如下。

操作步骤

01 打开素材文件，如图 11-28 所示。单击"动作"面板中的 ■ 按钮，在弹出的下拉菜单中选择"载入动作"命令，如图 11-29 所示。

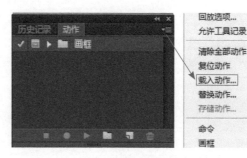

图 11-28　　　　　　　　图 11-29

02 在弹出的"载入"对话框中，选中"手绘素描效果 .atn"，然后单击"载入"按钮，如图 11-30 所示，即可将该动作载入"动作"面板，如图 11-31 所示。

图 11-30	图 11-31

03 展开刚刚载入的动作组，选中"手绘素描效果"动作，然后单击"播放选定的动作"按钮 ▶，如图 11-32 所示。动作播放后的效果如图 11-33 所示。

图 11-32	图 11-33

11.3 批处理

录制动作后，在一个文件上进行播放，就可以将操作效果应用到该文件上。在日常工作中，我们通常需要处理大批量文件，此时执行"批处理"命令就可以实现动作的自动播放，对一个文件夹中的所有文件进行快速、轻松的处理。执行菜单栏中的"文件">"自动">"批处理"命令，即可打开"批处理"对话框，如图 11-34 所示。

播放 设置需要播放的"组"和"动作"。

源 在该下拉列表中可以设置要处理的内容。选择"文件夹"选项，并单击下

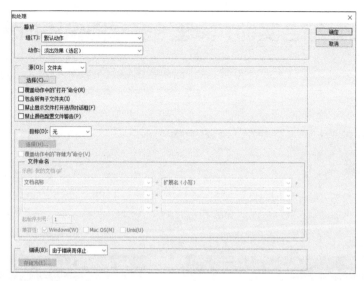

图 11-34

方的 选择(H)... 按钮，可以在打开的对话框中选择一个文件夹，批处理该文件夹中的所有文件；选择"导入"选项时，可以处理来自相机、扫描仪或 PDF 文档中的图像；选择"打开的文件"选项时，可以处理当前所有打开的文件；选择"Bridge"选项时，可以处理 Bridge 中选定的文件。

覆盖动作中的"打开"命令 勾选该复选框可以在批处理时忽略动作中记录的"打开"命令。

包含所有子文件夹 勾选该复选框时，批处理应用范围将包含其子文件夹中的文件。

禁止显示文件打开选项对话框 勾选该复选框后，在批处理时不会打开选项对话框。

禁止颜色配置文件警告 勾选该复选框后，在批处理时会关闭颜色方案信息的显示。

目标 选择批处理后文件的存储位置。选择"无"，使文件保持打开而不进行存储（除非动作包括存储命令）；选择"存储并关闭"，将文件存储在它们的当前位置，并覆盖原来的文件；选择"文件夹"，将批处理过的文件存储到另一位置，并单击下方的 选择(H)... 按钮，可指定用于存放文件的文件夹。

覆盖动作中的"存储为"命令 如果没有勾选此复选框并且动作中包含"存储为"命令，则将文件存储到"动作"命令指定的文件夹中，而不是存储到"批处理"命令指定的文件夹中。如果勾选此复选框，将保证已处理的文件存储到"批处理"命令指定的目标文件夹中。

文件命名 将"目标"选项设置为"文件夹"后，可以在该选项组的 6 个选项中设置文件的命名规范，以及指定文件的兼容性。

11.4 综合实训：快速给多幅图像添加水印

素材：第 11 章 \11.4 综合实训：快速给多幅图像添加水印

微课视频

实训目标

熟练掌握"动作""批处理"命令的使用方法。

操作步骤

01 录制动作。打开素材 1，如图 11-35 所示。打开"动作"面板，依次单击面板下方的"创建新组"按钮和"创建新动作"按钮，创建一个名为"批处理"的动作组和一个名为"添加水印"的动作，如图 11-36 所示，开始录制动作。

图 11-35

图 11-36

02 执行菜单栏中的"文件"＞"置入嵌入对象"命令，在打开的"置入嵌入对象"对话框中选择素材 2，单击"置入"按钮，将它置入当前文件，并移动至画面的左下角，按"Enter"键确认置入操作，如图 11-37 和图 11-38 所示。

图 11-37

图 11-38

03 执行菜单栏中的"文件"＞"另存为"命令，在弹出的"另存为"对话框中设置一个存储位置，并将"保存类型"设置为 JPEG 格式，然后按"Ctrl+W"组合键将文件关闭。单击"动作"面板下方的"停止播放 / 记录"按钮■，完成动作的录制操作，此时在"动作"面板中即可看到录制的动作，如图 11-39 所示。

图 11-39

[04] 批量添加水印。执行菜单栏中的"文件">"自动">"批处理"命令，打开"批处理"对话框。在"组"中选择批处理，在"动作"中选择"添加水印"；在"源"中选择文件夹，然后单击 选择(C)... 按钮，如图 11-40 所示，在打开的"选取批处理文件夹"对话框中选择需要进行批处理的文件夹，然后单击"选择文件夹"按钮。

[05] 在"目标"选项中选择批处理后文件的存储位置，这里选择"存储并关闭"，如图 11-41 所示，单击"确定"按钮，开始批处理。

图 11-40　　　　　　　　　　　　　　　　图 11-41

[06] 批处理完成后，打开相应文件并查看效果，如图 11-42 所示。

图 11-42

　　批量添加水印前，先要把图像的尺寸修改为一样的大小，否则批处理后的效果会不一样，并且为了避免破坏原始图像，在进行批处理前，可以将需要进行批处理的图像复制一份或将处理后的图像另存在一个新的位置。

提高效率

想要提高工作效率，你就必须避免没有效率的来回切换，避免进行多任务同时处理，这是所有时间管理的基本原则，必须把时间切成一段一段的，在每一段时间内只做一件事，学会专注！

你还要学会按优先级处理事情。

在日常生活中，经常会有很多任务同时向你砸过来的情况发生。这种时候，就需要按照优先级的方法对任务进行排序，然后分批处理。"好记性不如烂笔头"，当自己的脑海中有什么好的想法的时候，马上写下来。而且，在写的时候你也可以整理自己大脑中的想法，使之更加完善。

📈 课后练习

一、选择题

1. 按（　　）组合键可以调出"动作"面板。

A. Ctrl+G　　　　B. Alt+F　　　　C. Alt+F8　　　　D. Alt+F9

2. "动作"窗口在哪个菜单下？（　　）

A. 编辑　　　　B. 文件　　　　C. 窗口　　　　D. 选择

二、判断题

1. 已经录制好的动作无法修改。（　　）

2. 批处理可以将多幅图像修改成统一的尺寸。（　　）

3. 批处理通常配合动作一起使用。（　　）

三、简答题

1. 若通过批处理添加的水印在每幅图像上的位置都不一致，该如何解决？

2. "默认动作"组删除后该怎么恢复？

3. 如何在动作中插入停止？

四、操作题

给多幅图像批量添加 Logo（素材：第11章\课后练习 ）。

第12章

综合设计实训

本章内容导读

本章主要是分享综合设计实训案例，根据商业设计项目的真实情景来训练读者使用所学知识完成商业设计的能力。读者通过对多种案例的练习，进一步掌握 Photoshop 的功能以及技巧，并将其熟练地应用到商业设计中。

掌握重要知识点

- 熟练掌握抠图技巧。
- 熟练掌握钢笔工具。
- 熟练掌握蒙版功能。

学习本章后，读者能做什么

通过学习本章内容，读者可以尝试设计各种类型的广告，积累实战经验，为就业做好准备。

12.1 综合实训：淡青色调图像

素材：第12章\12.1 综合实训：淡青色调图像

实训要求

将图像处理成淡青色调。

微课视频

实训目标

熟练使用"色阶""色相/饱和度""色彩平衡"等命令。

处理前后效果如图12-1所示。

原图   效果图

图12-1

操作步骤

01 打开素材文件，如图12-2所示，可以看到画面中光照效果较差，人物立体感不足。

02 执行"色阶"命令，压暗中间调、提亮高光，增强画面光感效果。创建"色阶"调整图层，在其"属性"面板中，向右拖动中间调滑块，压暗中间调，向左拖动高光滑块，提亮高光，如图12-3所示，调整后的效果如图12-4所示。

图12-2   图12-3   图12-4

　　03 降低人物肤色的饱和度和明度，使画面色调均衡柔和。在进行调整之前，先确认好目标色。人物的肤色以红色和黄色为主，因此需要调整红色和黄色。创建"色相/饱和度"调整图层，在其"属性"面板中，选择"红色"选项，向左拖动饱和度和明度滑块，降低红色的饱和度和明度；选择"黄色"选项，向左拖动饱和度和明度滑块，降低黄色的饱和度和明度，如图12-5所示。效果如图12-6所示。

图 12-5　　　　　　　　　　　　　　　图 12-6

　　04 调整画面色调，让画面偏蓝。创建"色彩平衡"调整图层，选择"中间调"选项，向右拖动黄色与蓝色滑块增加蓝色，使人物头发不易偏蓝，向右拖动青色与红色滑块增加红色，减弱头发中的蓝色含量；选择"高光"选项，向左拖动青色与红色滑块增加青色，向右拖动黄色与蓝色滑块增加蓝色，从而增加画面高光处蓝色的含量。设置如图12-7所示，效果如图12-8所示。

图 12-7　　　　　　　　　　　　　　　图 12-8

　　05 使用色阶增加画面明暗对比，并单独调整部分颜色通道使画面色调更协调。创建"色阶"调整图层，向左拖动高光滑块提亮高光，通过明暗对比增强画面的光感效果，如图12-9所示。选择"红"通道，在"输出色阶"中向左拖动白色滑块，如图12-10所示，减少画面中的红色，使画面倾向于该通道的补色青色。选择"绿"通道，在"输出色阶"中向右拖动黑色滑块，如图12-11所示，增加画面中的绿色。选择"蓝"通道，向左拖动高光滑块让画面中的高光区域偏蓝；在"输出色阶"中向右拖动黑色滑块，让画面中的阴影区域偏蓝，向左拖动白色滑块，减少高光处的蓝色含量，如图 12-12 所示。效果如图 12-13 所示。

图 12-9   图 12-10   图 12-11   图 12-12

06 创建"亮度 / 对比度"图层，在其"属性"面板中向右拖动对比度滑块增强画面的明暗对比。完成本例操作，最终效果如图 12-14 所示。

图 12-13   图 12-14

12.2 综合实训：高清人像磨皮

素材： 第 12 章 \12.2 综合实训：高清人像磨皮

实训要求

让原本粗糙的皮肤变得真实而又富有质感。

实训目标

熟练掌握画笔工具、"曲线"命令等的使用方法。
处理前后效果如图 12-15 所示。

微课视频

原图

效果图

图 12-15

操作步骤

01 去除人物面部黑痣、痘痘等较明显的瑕疵。新建一个图层，命名为"去除明显瑕疵"。选中该图层，单击污点修复画笔工具，在其选项栏中勾选"对所有图层取样"复选框，然后去除人物面部的瑕疵，让皮肤更平滑（在透明图层上操作的好处是不会破坏原始图像），如图 12-16 所示。

图 12-16

02 对皮肤的细节进行修饰。修饰前，可以先创建一个观察图层，以便修饰皮肤细节。单击"调整"面板中的"创建新的黑白调整图层"按钮，创建"黑白 1"调整图层，将图像转成黑白色调，这样可以去除颜色干扰，如图 12-17 所示。

图 12-17

03 创建"曲线"调整图层，在曲线上的中间调区域添加控制点并将曲线向下拖拉，将画面中的瑕疵呈现出来即可。设置如图 12-18 所示，效果如图 12-19 所示。

图 12-18　　　　　　　　　　　图 12-19

04 使用画笔工具平衡肤色亮度。隐藏"观察层"并在下方新建一个图层，命名为"画笔平衡肤色"，将该图层的"混合模式"设置为柔光。使用画笔工具，设置前景色为黑色，在亮部过亮处涂抹，压暗画面；再设置前景色为白色，在暗部过暗处涂抹，提亮画面，如图 12-20 和图 12-21 所示。

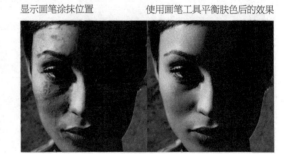

图 12-20　　　　　　　　　　　图 12-21

05 修饰皮肤细节。新建一个图层，命名为"去除细小瑕疵"，使用污点修复画笔工具，将面部细小瑕疵去除，使皮肤光滑，如图 12-22 所示。继续创建一个新图层，命名为"画笔平衡面部肤色"，并且将该图层的"混合模式"设置为柔光，使用画笔工具，将人物左侧面部过亮的肤色适当压暗，使肤色更统一，如图 12-23 所示。

图 12-22　　　　　　　　　　　图 12-23

06 使用"曲线"提亮画面。创建"曲线"调整图层，在其"属性"面板中选择 RGB，在曲线上的中间调位置添加控制点，设置"输入"值为132，设置"输出"值为144，提亮画面，如图 12-24 所示。调整后，画面中的暗调和中间调细节得到提升，但由于高光处也被提亮，部分肤色太白，如图 12-25 所示。

图 12-24   图 12-25

07 使用画笔工具平衡高光处的亮度。新建一个图层，命名为"画笔调回高光细节"，将该图层的"混合模式"设置为柔光。使用画笔工具，设置前景色为黑色，在人物面部高光处涂抹，将其压暗，使高光处的皮肤不过曝，图 12-26 所示为放大局部对比调整前后的效果。本例制作完成。

恢复高光细节前   恢复高光细节后

图 12-26

 12.3 综合实训：护肤品海报设计

素材： 第 12 章 \12.3 综合实训：护肤品海报设计

微课视频

实训要求

明确海报的主题，根据主题去搭配相关的文字和图像素材，制作精美的海报。

实训目标

熟练掌握图层混合模式、图层样式、文字工具等功能的使用方法。
制作完成后的效果如图 12-27 所示。

效果图

图 12-27

操作步骤

01 新建文件，尺寸为 136 厘米 ×60 厘米（横版），海报需要写真机输出，因此"分辨率"和"颜色模式"按照写真机输出要求设置，将"分辨率"设为 72 像素 / 英寸、"颜色模式"设为 CMYK 颜色，文件名称设为"护肤品海报设计"。

02 排版设计前，可以画出草图，对海报中的文字和图像进行简单布局（这样做可以减少后续的排版时间）。本例中的图像放置在画面两侧，产品在左，模特在右，以此突出产品；中间部分留出足够的空间放置文字，以创造稳定感，如图 12-28 所示（蓝色表示图像，灰色表示文字）。

图 12-28

03 海报背景设计。背景跟主题图像相贴切是成功制作一张海报的关键。这里选择一幅浅蓝色带有光斑的图像。按"Ctrl+O"组合键，打开文件夹中的"底图"，使用移动工具将其移动至当前文件中，如图 12-29 所示。

04 打开文件夹中的"产品模特"素材（该图使用"通道"进行抠图，方法详见第 9 章。文件夹中的原图可用于抠图练习），如图 12-30 所示，将它添加到当前文件中，放置在画面最右侧并缩放到合适大小，如图 12-31 所示。

图 12-29

图 12-30

图 12-31

05 为"产品模特"图层添加"外发光"样式，使它与画面背景自然融合，参数设置如图 12-32 所示，效果如图 12-33 所示。

图 12-32

图 12-33

06 打开文件夹中的"美肤产品"和"水花"素材，如图 12-34 所示，并将它们添加到当前文件中，将"水花"图层放置在"美肤产品"图层上方，并将"水花"的图层的"混合模式"设置为正片叠底，这样"水花"图层可以与它下方的图层自然融合，效果如图 12-35 所示。

图 12-34

图 12-35

07 根据布局要求对文字进行编排，设计出对比效果明确的版面。使用横排文字工具，在选项栏中设置合适的字体、字号、颜色等，在画面中单击输入主题文字"水润修复 靓白紧致"。参数设置如图 12-36 所示，效果如图 12-37 所示。

图 12-36 图 12-37

08 对主题文字进行创意设计，从而巧妙地强调文字。在文字的下半部分创建选区，如图 12-38 所示，新建一个图层并重命名为"蓝渐变"，使用渐变工具，进行由蓝到透明的渐变填充（蓝色色值为"C99 M85 Y44 K8"），效果如图 12-39 所示。按"Ctrl+Alt+G"组合键将该图层以剪贴蒙版的方式置入主题文字，如图 12-40 所示。

图 12-38 图 12-39 图 12-40

09 打开文件夹中的"光斑"素材，如图 12-41 所示，将其添加到当前文件，设置图层"混合模式"为叠加，并以剪贴蒙版的方式置入主题文字，效果如图 12-42 所示。

图 12-41 图 12-42

10 在主题文字的上方和下方输入广告语"肤美白 白茶系列"和"全面解决肌

肤干燥提升焕白光晕"。为了突出功效将"全面解决肌肤干燥提升焕白光晕"适当调大。在主题文字下方绘制一条横线，该横线起到间隔文字、装饰主题文字的作用。对广告语和横线所在图层添加"渐变叠加"样式，使它们与主题文字相协调。具体参数设置及相关操作步骤见本例视频，效果如图 12-43 所示。

11 输入价格，人民币符号使用较小的字号以突出数字。输入"新品抢先价"在该文字下方添加一个渐变底图可以让文字显眼一些。具体参数设置及相关操作步骤详见本例视频，效果如图 12-44 所示。

图 12-43   图 12-44

12 制作光感层平衡画面的亮度。新建一个图层，命名为"光感"图层，使用渐变工具进行由白到灰的渐变填充，将该图层的"混合模式"设置为叠加，"不透明度"设置为 35%，如图 12-45 所示，最终效果如图 12-46 所示。

图 12-45   图 12-46

12.4 综合实训：企业文化看板设计

素材： 第 12 章 \12.4 综合实训：企业文化看板设计

实训要求

围绕宣传标语内容进行制作，使观者通过图像就能很直观地理解企业所传达的理念。

微课视频

实训目标

熟练掌握图层混合模式、图层样式、文字工具等功能的使用方法。
制作完成后的效果如图 12-47 所示。

效果图

图 12-47

操作步骤

01 按"Ctrl+N"组合键，打开"新建文件"对话框，创建一个"宽度"为 100 厘米，"高度"为 56 厘米，"分辨率"为 72 像素 / 英寸，"颜色模式"为 CMYK 颜色，名称为"企业文化看板设计"的文件。

02 将素材中的狼抠取出来，为后期的合成做准备。文件夹中的原图可作为抠图练习使用。打开文件夹中已经抠好的素材，如图 12-48 所示。

图 12-48

03 使用移动工具将"狼"素材移至当前文件中，使用"变换"命令进行缩放排列组合，如图 12-49 所示。

04 执行菜单栏中的"编辑" > "变换" > "水平翻转"命令，将最左边和最右边的狼进行水平翻转，并移动到合适位置，如图 12-50 所示。

图 12-49   图 12-50

05 执行菜单栏中的"文件" > "置入嵌入对象"命令，然后在弹出的"置入嵌入的对象"对话框中，选中"影子"，然后单击"置入"按钮，将它添加到当前文件中，按"Enter"键确认置入操作。在"图层"面板中，将它移动到"狼"图层的下方。效果如图 12-51 所示。

06 看板背景设计。背景的选择跟主题图像贴切是成功制作一张看板的关键。这里选择一幅风景图像，使用"置入嵌入对象"命令，将它添加到当前文件中，按"Enter"键确认置入操作，并将该图层移动至"图层"面板的最下方，效果如图 12-52 所示。

图 12-51   图 12-52

07 添加文案。排版时主题文字字号要大，内容文字字号要小，这样才能使版面对比效果明显。使用横排文字工具，在画面中单击，然后在文字工具选项栏中或"字符"面板中，设置字体为书体坊米芾体、字号为 233 点、颜色为白色，输入"狼族"，按"Ctrl+Enter"组合键确认输入，参数设置如图 12-53 所示，效果如图 12-54 所示。

图 12-53   图 12-54

08 使用横排文字工具，输入"『""』"强调主题文字，参数设置如图 12-55 所示，效果如图 12-56 所示。

图 12-55   图 12-56

09 使用横排文字工具，在画面中单击，设置字体为方正黑体简体、字号为12.44 点、颜色为白色，输入文本"文化"，参数设置如图 12-57 所示，效果如图 12-58 所示。

图 12-57   图 12-58

10 使用横排文字工具，在画面中单击，设置字体为微软雅黑、字号为 39.5 点、行距为 56 点，颜色为白色，在"狼族"的下方输入标语内容，参数设置如图 12-59 所示，效果如图 12-60 所示。

图 12-59   图 12-60

11 使用横排文字工具，在画面中单击，设置字体为方正正大黑简体、字号为184 点、字间距为 20、颜色为白色，输入文本"Team is power"，设置该图层的"不透明度"为 30%，然后压缩文字宽度，参数设置如图 12-61 所示，效果如图 12-62所示。

图 12-61   图 12-62

12 为了使文字版面更统一，我们常常使用引导线这种版面元素。它还可以通过添加样式，成为版面的装饰元素。利用引导线和小图标，可以成功地为版面增添设计感，如图 12-63 所示。

13 执行菜单栏中的"文件">"置入嵌入对象"命令，在弹出的"置入嵌入的对象"对话框中选中"队伍"，然后单击"置入"按钮，将它添加到当前文件中，按"Enter"键确认置入操作。在"图层"面板中，将它移动到风景图层的上方。完成后的效果如图 12-64 所示。

图 12-63   图 12-64

12.5 综合实训：路牌广告设计

素材： 第 12 章 \ 12.5 综合实训：路牌广告设计

微课视频

实训要求

设计关于苏打水的路牌广告，要求黄色是主题色，有柠檬元素。

实训目标

熟练掌握选区、图层混合模式、文字工具等功能的使用方法。

制作完成后的效果如图 12-65 所示。

操作步骤

01 新建一个宽 250 厘米、高 375 厘米、"分辨率"为 25 像素 / 英寸、"颜色模式"为 CMYK 颜色、名称为"路牌广告设计"的文件。

02 打开素材"蓝背景"，并将它添加到当前文件中，如图 12-66 所示。

03 添加 Logo 和广告语。打开素材"Logo"和"柠檬每日鲜"，并将它们添加到当前文件所在图层的上方，

效果图

图 12-65

效果如图 12-67 所示。

04 对广告语进行编辑，突出文字。首先扩展选区并填充颜色，按住"Ctrl"键并单击"柠檬每日鲜"图层的缩览图，创建选区，如图 12-68 所示。执行菜单栏中的"选择" > "修改" > "扩展"命令，打开"扩展选区"对话框，输入"扩展量"为 30 像素，如图 12-69 所示。扩大选区范围，将轮廓内的选区合并，扩展效果如图 12-70 所示。

图 12-66　　　　　　图 12-67

在"柠檬每日鲜"图层的下方新建一个图层，命名为"柠檬每日鲜扩边"，并为该图层填充黄色，色值为"C4 M25 Y89 K0"，效果如图 12-71 所示。

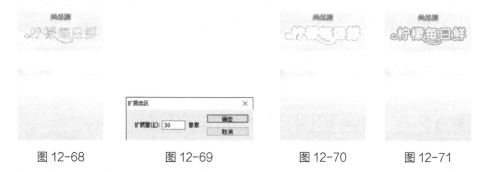

图 12-68　　　　　　图 12-69　　　　　　图 12-70　　　　　　图 12-71

05 选中"柠檬每日鲜"图层，为该图层添加"斜面和浮雕"图层样式，参数设置如图 12-72 所示，效果如图 12-73 所示。

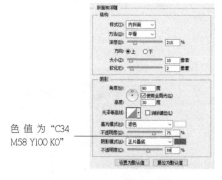

色值为"C34 M58 Y100 K0"

图 12-72　　　　　　图 12-73

06 使用钢笔工具绘制水滴形状，将该形状转换为选区，然后新建一个图层，将它填充为黄色（色值为"C4 M35 Y86 K0"），如图 12-74 所示。使用横排文字工具，设置字体为汉仪中圆简、字号为 215 点、颜色为白色，在该形状的上方输入文字"无气低糖"，如图 12-75 所示。

07 打开素材"饮料瓶"，并添加到当前文件中，如图 12-76 所示。打开素材"柠檬"，并添加到当前文件中，然后将"柠檬"图层移动到"饮料瓶"图层的下方，如图12-77所示。为"饮料瓶"图层添加蒙版，编辑蒙版，制作出饮料瓶被包在柠檬中的效果，相关设置如图12-78所示，效果如图12-79所示。

图 12-74   图 12-75

图 12-76   图 12-77   图 12-78   图 12-79

08 新建一个图层，命名为"阴影"，使用画笔工具绘制投影，让创意效果更逼真一些，如图12-80所示。打开素材"水花"，添加到当前文件中，并添加蒙版将柠檬底部显示出来，相关设置如图12-81所示，效果如图12-82所示。

图 12-80   图 12-81   图 12-82

09 将素材"柠檬1""柠檬2"添加到当前文件中，如图12-83所示。将素材"叶子""叶子1""叶子2""叶子3"添加到当前文件中并进行编组，命名为"叶子"，将该组移至"蓝背景"图层的上方，效果如图12-84所示。

10 将素材"饮料瓶"再次添加到当前文件中，再复制一个饮料瓶，将它们缩至合适大小，放置于画面的右下角。将素材"水珠"添加到当前文件中，并移动到"阴影"图层的上方，然后添加蒙版将饮料瓶、柠檬、产品Logo和广告语处的水珠隐藏，如图 12-85 所示。完成后的最终效果如图 12-86 所示。

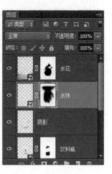

| 图 12-83 | 图 12-84 | 图 12-85 | 图 12-86 |

提示

　　路牌广告一般用于户外，输出的画面很大，实际上对分辨率并没有明确的要求，但输出路牌广告的机器一般都对分辨率有一定的要求，以达到最高效率，否则如此大的尺寸，分辨率过高会让计算机很卡。路牌广告文件的分辨率一般为25像素/英寸，但在画幅过大时也可以调整到15像素/英寸，甚至更小。

12.6 综合实训：杂志封面设计

素材： 第 12 章 \12.6 综合实训：杂志封面设计

微课视频

实训要求

　　设计关于与女性时尚有关的杂志封面。

实训目标

　　熟练掌握文字排列、字符设置、段落设置等功能的使用方法。

　　制作完成后的效果如图 12-87 所示。

效果图

操作步骤

　　01 新建文件。基于不同的装订方式，文档的尺寸也有所不同，杂志的封面、封底一般是连在一起设计的。以成品尺寸 210 毫米 ×285 毫米（竖版）、装订方式为骑马订的杂志设计为例，文件尺寸应为 426

图 12-87

毫米 ×291 毫米，由于本例只展示杂志封面的设计，因此出血只加 3 面（上、下、右），尺寸为 213 毫米 ×291 毫米。杂志的分辨率和颜色模式应按照印刷要求进行设置，将"分辨率"设置为 300 像素/英寸、"颜色模式"设置为 CMYK 颜色，文件名称为"时尚杂志封面设计"。

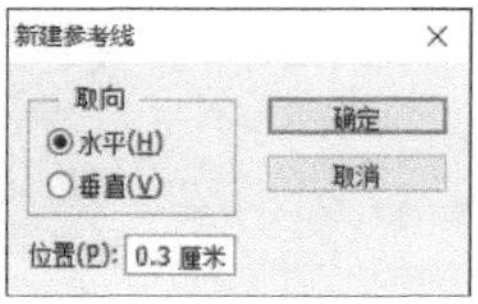

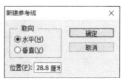

图 12-88

[02] 设置出血线。执行菜单栏中的"视图">"新建参考线"命令或按"Alt+V+E"组合键，弹出"新建参考线"对话框，在其中选中"水平"，然后输入"位置"为 0.3 厘米，设置顶端出血线，如图 12-88 所示。按相同方法设置底端出血线和右端出血线，如图 12-89 和图 12-90 所示。添加出血线后的效果如图 12-91 所示。

图 12-89

图 12-91

图 12-90

[03] 按杂志较常使用的版式进行设计，刊名位于页面上方中间位置，封面人物放在页面中间位置，标题放在页面两侧。添加封面人物到页面的中间，添加刊名到页面顶端中间位置，如图 12-92 所示。为"刊名"图层添加图层蒙版，将刊名遮挡人像处使用蒙版隐藏，效果如图 12-93 所示。

图 12-92

图 12-93

[04] 输入引导目录。使用横排文字工具在画面中单击，然后在其选项栏中设置合适的字体、字号、字体颜色等，输入标题文字（注意：输入左侧文字时，在工具选项栏中单击"左对齐文本"按钮█，可以使文字居左排列；输入右侧文字时，在

工具选项栏中单击"右对齐文本"按钮▤，可以使文字居右排列），如图 12-94 所示。

字体颜色选用刊名颜色，色值为"C14 M68 Y8 K0"，能使版面显得更加协调，同时用这种鲜亮的色彩做点缀，可以使版面更具活力。

"汉仪大宋简"字体横细竖粗、字形稳健，适用于报刊、书籍的各类标题。

字体颜色选用白色，色值为"C0 M0 Y0 K0"，背景是暗色。使用白色易于阅读。封面排版设计讲究宁简勿繁，文字不易使用过多的颜色。

图 12-94

05 输入封面中的重点内容。对封面中的重点内容可以采用较大的字号，还可以对文字所在图层添加"投影"样式，并进行倾斜处理，这样可以表现文字的层次感。使用横排文字工具在画面中单击，然后在其选项栏或"字符"面板中设置合适的字体、字号、字体颜色等，输入"华丽狂欢进行时"，如图 12-95 所示。为该文

在"字符"面板中单击"仿斜体"按钮▱，文字呈倾斜状态。

图 12-95

图 12-96

字所在图层添加"投影"样式，如图 12-96 所示。效果如图 12-97 所示。

06 使用横排文字工具在画面中单击，然后在其选项栏或"字符"面板中设置合适的字体、字号、颜色等，输入"LET'S PARTY!"，复制"华丽狂欢进行时"的"投影"样式到该文字图层。在"华丽狂欢进行时"文字下方输入说明文字。具体参数及相关操作步骤详见本例视频，效果如图 12-98 所示。

07 使用矩形选框工具在画面的左上角创建选

图 12-97

区，新建一个图层，填充浅紫色（颜色选用人物衣服颜色，色值为"C37 M30 Y0 K0"，能使版面显得更加协调），在色块的上方输入文字。将该文字和浅紫色底同时选中并按"Ctrl+T"快捷键旋转45°，移动到页面右上角。具体参数及相关操作步骤见本例视频，效果如图12-99所示。

08 输入刊号和价格，字体颜色使用黑色（单色黑，色值为"C0 M0 Y0 K100"），并且如果文字图层下方图像非纯白色，需要将文字图层的"混合模式"设置为正片叠底，具体参数及相关操作步骤见本例视频，效果如图12-100所示。

图12-98　　　　　　图12-99　　　　　　图12-100

印刷中黑色文字设置：印刷中的黑色要用单色黑，因为印刷是四色印刷，需要套印，如果用四色黑或其他颜色，在进行套印时，如果套偏一点，就会导致印出来的字是模糊的，看起来有重影，特别是字号较小的字。如果是在Photoshop中设计的，还必须将文字图层的"混合模式"设置为正片叠底，这样印刷效果才会更好。

12.7 综合实训：巧克力包装设计

素材： 第12章\12.7 综合实训：巧克力包装设计

微课视频

实训要求

设计一款巧克力包装，主题色为金色和深红色，有巧克力元素。

实训目标

熟练掌握钢笔工具、图层样式、文字工具等功能的使用方法。

制作完成后的效果如图 12-101 所示。

效果图

图 12-101

操作步骤

01 本例包装袋产品的净尺寸为 17.5 厘米 ×7.5 厘米（横版），设计包装袋正面加出血后尺寸为 18.1 厘米 ×8.1 厘米。新建一个宽 18.1 厘米、高 8.1 厘米、"分辨率"为 300 像素 / 英寸、"颜色模式"为 CMYK 颜色，名为"巧克力包装设计"的文件。

02 设置印刷出血线和包装封口线。执行"新建参考线"命令，在四周创建 3 毫米的出血线。然后在左右离边界各 13 毫米处设置封口线，封口宽 10 毫米，如图 12-102 所示。

03 颜色具有一种视觉语言的表现力，对包装颜色的运用，必须依据现代社会消费的特点、产品的属性、消费者的喜好等，使颜色与产品产生的诉求一致。根据产品的属性配色，本例以深红色和金色为主色。选择"背景"图层，设置前景色为深红色，色值为"C43 M100 Y100 K0"，按"Alt+Delete"组合键用前景色进行填充，效果如图 12-103 所示。

图 12-102

图 12-103

04 执行菜单栏中的"文件"＞"置入嵌入对象"命令，在弹出的"置入嵌入的对象"对话框中选中"花纹"，然后单击"置入"按钮，将它添加到当前文件中，按"Enter"键确认置入操作，如图 12-104 所示。

05 新建一个图层，命名为"形状1"，使用钢笔工具，绘制如图 12-105 所

图 12-104

示的路径，按"Ctrl+Enter"组合键，将路径转为选区，设置前景色为金色，色值为"C16 M42 Y92 K0"，按"Alt+Delete"组合键用前景色进行填充，效果如图 12-106 所示。

图 12-105　　　　　　　　　　　图 12-106

06 新建一个图层，命名为"形状 2"，使用钢笔工具，绘制弧度优美的曲线，给人温馨、润滑的感觉，以突出产品特性，如图 12-107 所示，按"Ctrl+Enter"组合键，将路径转为选区，设置前景色为白色，色值为"C0 M0 Y0 K0"，按"Alt+Delete"组合键用前景色进行填充，效果如图 12-108 所示。

图 12-107　　　　　　　　　　　图 12-108

07 为"形状 2"图层添加"光泽""渐变叠加"和"投影"图层样式，参数设置如图 12-109 所示，效果如图 12-110 所示。

图 12-109

08 新建一个图层，命名为"左封口"，使用矩形选框工具，在左侧第二条参考线处绘制一个矩形框，设置前景色为金色，色值为"C16 M42 Y92 K0"，按"Alt+Delete"组合键用前景色进行填充，效果如图 12-111 所示。按相同方法绘制右封口，效果如图 12-112 所示。

图 12-110

图 12-111

图 12-112

09 执行菜单栏中的"文件">"置入嵌入对象"命令，在弹出的"置入嵌入的对象"对话框中选中"Logo"，然后单击"置入"按钮，将它添加到当前文件中，按"Enter"键确认置入操作。使用移动工具将其拖动至合适位置，按"Ctrl+T"组合键对 Logo 进行旋转操作，按"Enter"键确认置入操作。效果如图 12-113 所示。

图 12-113

10 输入产品名称。使用横排文字工具，在画面中单击，设置字体为Creampuff、字号为 74.5 点、颜色为白色、字间距为 75，输入产品名。然后按"Ctrl+T"组合键，旋转文字使其与 Logo 的倾斜度相统一。相关设置如图 12-114 所示，效果如图 12-115 所示。

图 12-114

图 12-115

11 为产品名文字添加"描边"和"投影"图层样式，参数设置如图 12-116 所示，效果如图 12-117 所示。

图 12-116

色值为"C34 M58 Y100 K0"

图 12-117

12 执行菜单栏中的"文件">"置入嵌入对象"命令，在弹出的"置入嵌入的对象"对话框中选中"巧克力夹心"，然后单击"置入"按钮，将它添加到当前文件中，移动到合适位置，按"Enter"键确认置入操作，效果如图 12-118所示。

图 12-118

13 输入说明文字。使用横排文字工具，在画面中单击，设置字体为方正准圆简体、字号为 11 点、颜色为黑色（色值为"C0 M0 Y0 K100"），如图 12-119 所示。输入"涂层巧克力 + 夹心果酱"，然后在"图层"面板中将"混合模式"设置为正片叠底，如图 12-120 所示。

图 12-119

图 12-120

14 执行菜单栏中的"文件">"置入嵌入对象"命令，在弹出的"置入嵌入的对象"对话框中选中"图标"，然后单击"置入"按钮，将它添加到当前文件中，如图 12-121 所示，向内拖动变换框缩小图标，然后在工具选项栏中输入旋转角度的数值为 -30 度，使其与 Logo 的倾斜度相统一，移动到 Logo 的左下方，按"Enter"键确认操作，完成巧克力包装袋正面的设置，最终效果如图 12-122 所示。

图 12-121

图 12-122

12.8 综合实训：小米礼盒包装设计

素材： 第 12 章 \12.8 综合实训：小米礼盒包装设计

微课视频

实训要求

设计一款礼盒包装，体现小米元素。

实训目标

熟练掌握文字排版、文字设置、变换等功能的使用方法。

制作完成后的效果如图 12-123 所示，礼盒立体包装效果如图 12-124 所示。

操作步骤

01 本例礼盒尺寸要求：宽 32 厘米、高 23 厘米、厚 8.5 厘米。在设计礼盒包装平面展开图时通常要将礼盒的正面和侧面连在一起进行排版设计，因此设置一个宽 41.1 厘米、高 23.6 厘米（礼盒也需要印刷，该尺寸包含四周加的 3 毫米出血）的正、侧面展开图，"分辨率"设为 300 像素 / 英寸、"颜色模式"为 CMYK 颜色，文件名称为"小米礼盒包装设计"。使用参考线标记出包装的正面和侧面的分界线以及出血线，如图 12-125 所示。

小米礼盒包装平面图

图 12-123

小米礼盒包装立体效果图

图 12-124

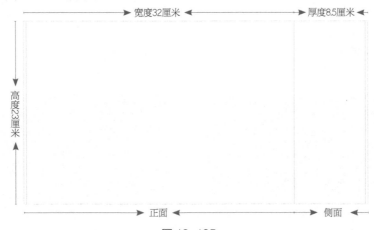

图 12-125

02 确定包装的颜色和基本版式。本例礼盒名称为"黄金贡米"，根据该礼盒名称，可以将包装设计成复古风格。以黄色和咖啡色为主色，黄色能让人联想到小米的色泽，咖啡色往往能在版面里呈现雅致的品位感，不过这样的底色也容易给人沉重的感觉。所以在编排版面时要用明亮的黄色搭配咖啡色，以使画面产生较大的明度差，强调亮部。设置前景色为亮黄色（色值为"C5 M20 Y86 K0"），使用前景色填充背景图层；使用矩形选框工具为礼盒侧面创建选区并填充咖啡色（色值为"C75 M84 Y85 K19"），此时黄色占画面比重太大；使用矩形选框工具，在礼盒的正面绘制选区并填充咖啡色大体划分出礼盒的版式，如图 12-126 所示。

图 12-126

03 打开文件夹中的"Logo"素材，并将它添加到当前文件正面左上角咖啡色背景的中间位置，如图 12-127 所示。设计复古风格礼盒，可以使用书法体。打开文件夹中的"礼盒名称"素材，将文字添加到当前文件中，通过设置不同大小、错开排列的方式，在排列完成后合并礼盒名称（该图层文字使用单色黑，合并图层后，将图层"混合模式"设置为正片叠底），打开素材"印章"，将它添加到书法字的右上方，用来装饰画面，增加版面的艺术气息，效果如图 12-128 所示。

图 12-127

图 12-128

04 使用直排文字工具，在礼盒名称的下方输入黄金贡米的说明文字（大字使用点文本创建，小字使用段落文本创建），并在文字中间绘制竖线（用于间隔文字，同时可以美化画面）。由于直排文字工具常用于古典文学内容的编排，本例使用该方式排列文字会有较为美观的效果，同时该排列方式也适合表现复古风格，如图 12-129 所示。

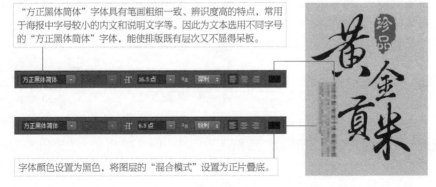

图 12-129

05 打开素材"谷穗图案"并将其添加到当前文件中，放置于礼盒名称的第一个字处，单击"锁定透明像素"按钮，将图层填充为单色黑并设置图层的"混合模式"为正片叠底，如图 12-130 所示，效果如图 12-131 所示。

图 12-130

图 12-131

06 添加主图谷穗和小米。打开文件夹中的"谷穗"素材并将它添加到当前文件中，移动到礼盒正面咖啡色底和黄色底之间的位置，为该图层添加"光泽"样式，使谷穗呈现立体效果，参数设置如图 12-132 所示，效果如图 12-133 所示。

图 12-132

图 12-133

07 打开素材"小米"，将其添加到"谷穗"图层的上方，再打开素材"小米投影"，将它移到"小米"图层的下方，最后将它的图层"混合模式"设置为正片叠底。效果如图 12-134 所示。

08 使用圆角矩形工具，在工具选项栏中设置"路径模式"为形状，单击"填充"后方的色块，设置颜色为背景中的黄色，在画面正面绘制圆角矩形，如图 12-135 所示。使用横排文字工具在圆角矩形的上方输入"净含量：10kg"。完成礼盒正面的排版设计，效果如图 12-136 所示。

图 12-134

| 图 12-135 | 图 12-136 |

09 在礼盒侧面添加产品功效。打开文件夹中的"Health"素材，添加到礼盒侧面的中间位置，对该文字进行创意设计，以增加画面的趣味性，效果如图 12-137 所示。使用横排文字工具以"点文本"的方式输入"营养健康每一天"，以"段落文本"的方式输入与小米功效相关的内容，效果如图 12-138 所示。

| 图 12-137 | 图 12-138 |

10 打开文件夹中的条形码、生产许可、提示性标识，添加到礼盒侧面。完成礼盒侧面的排版设计，如图 12-139 所示。

11 实色背景给人以平淡的感觉，可以在背景上方添加图案，以改善画面效果。打开文件夹中的"米字"素材（该素材通过使用不同字体的"米"字和竖线搭配，进行有规律的排列），添加到当前文件"背景"图层的上方，移动到黄色背景处，使用矩形选框工具为黄色背景创建选区，单击"图层"面板中的"添加图层蒙版"按钮创建图层蒙版，将选区之外的图像隐藏，如图 12-140 所示。将该图层"混合模式"设置为滤色，效果如图 12-141 所示。

| 图 12-139 | 图 12-140 |

12 打开文件夹中的"打谷穗"素材，添加到当前文件中，并将其移动到左侧咖啡色底图上方，将图层"混合模式"设置为柔光，复制该图层，并将其移动到礼盒侧面底图上方，效果如图 12-142 所示。此时，完成小米礼盒包装平面图设计，保存文件。

图 12-141 图 12-142

12.9 综合实训：网店主图设计

素材：第 12 章 \12.9 综合实训：网店主图设计

实训要求

设计牙刷产品的主图，要求能够展现产品卖点。

实训目标

熟练掌握画笔工具、图层样式、文字工具等功能的使用方法。

制作完成后的效果如图 12-143 所示。

操作步骤

01 新建大小为 800 像素 ×800 像素，"分辨率"为 72 像素 / 英寸，名为"牙刷主图"的文件。

02 添加产品图片。执行菜单栏中的"文件">"置入嵌入对象"命令，在弹出的"置入嵌入的对象"对话框中选中"牙刷 1"，然后单

图 12-143

击"置入"按钮，将它添加到当前文件中，移动到画面左侧，按"Enter"键确认置入操作，如图 12-144 所示。按相同的方法将"牙刷 2"置入当前文件，如图 12-145 所示，由于牙刷是细长形状的，所以可以将"牙刷 2"倾斜一些，如图 12-146 所示。

图 12-144

图 12-145

图 12-146

03 使用横排文字工具，在两支牙刷之间输入文字"or"，这表示该产品有两种颜色可供选择。字体设为方正兰亭刊黑简体，设置如图 12-147 所示，效果如图 12-148 所示。

04 这个产品主图要用于淘宝平台的"淘抢购"活动，将该活动的主题 Logo 添加进来。执行菜单栏中的"文件">"置入嵌入对象"命令，在弹出的"置入嵌入的对象"对话中选中"淘抢购"，然后单击"置入"按钮，将它添加到当前文件中，并移动到画面右侧顶端，按"Enter"键确认置入操作，效果如图 12-149 所示。

05 设计产品背景，主图应尽量干净、整洁，牙刷主体是白色的，填充一个比它深一点的灰色作为背景色，这样画面看起来更和谐。选中"背景"图层，设置前景色为灰色（色值为"R215 G215 B215"），按"Alt+Delete"组合键使用前景色进行填充，效果如图 12-150 所示。

图 12-147

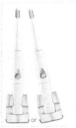
图 12-148

图 12-149

图 12-150

06 新建一个图层，命名为"画笔提亮"，设置前景色为白色，单击工具箱中的画笔工具，将笔尖形状设置为柔边圆，然后将画笔大小设置为 900 像素，在画面右侧连续单击，直到亮度合适为止，以丰富背景的明暗层次，如图 12-151 所示。

07 在"淘抢购"的下方输

图 12-151

入产品卖点文案，通过字体、字号的不同，设计出一组对比效果鲜明的文字组合。单击工具箱中的横排文字工具，在画面中单击，设置字体颜色为蓝色（色值为"R2 G52 B151"），分别输入"呵护牙齿""2大模式""智能压力指示灯"。在"字符"面板中，对文字的字体、字号、颜色、间距等进行设置，注意在设置前先要选中相应的文字图层，然后才能对文字属性进行更改。文字设置由上到下如图 12-152 所示，效果如图 12-153 所示。

图 12-152 图 12-153

08 单击工具箱中的矩形工具，在选项栏中设置"绘图模式"为形状，"填充"为蓝色（色值为"R2 G52 B151"），"描边"为无颜色。设置完成后，在"智能压力指示灯"图层的下方，绘制一个矩形，然后将"智能压力指示灯"的字体颜色设置为白色。矩形工具选项栏设置如图 12-154 所示，效果如图 12-155 所示。

图 12-154 图 12-155

09 选中"呵护牙齿""2大模式""矩形 1"图层，按"Ctrl+G"组合键，将文字编组，命名为"产品卖点文案"，如图 12-156 所示。在该组上方新建一个图层，命名为"光效"，然后按"Ctrl+Alt+G"组合捷将该图层以剪贴蒙版的方式置入图层组，如图 12-157 所示。单击工具箱中的画笔工具，将笔尖形状设置为柔边圆，然后将前景色设置为浅蓝色，该颜色比字体颜色浅，用于为文字添加光效，使用画笔工具在文字上单击即可添加光效，效果如图 12-158 所示。

图 12-156 图 12-157 图 12-158

10 输入产品价格。使用横排文字工具在卖点文案的下方输入"到手价"，在该图层的上方新建一个图层，命名为"光效"，然后按"Ctrl+Alt+G"组合键将该图层以剪贴蒙版的方式置入"到手价"，单击工具箱中的画笔工具，将笔尖形状设置为柔边圆，然后将前景色设置浅蓝色，使用该工具在文字上单击添加光效。字体设置如图 12-159 所示，效果如图 12-160 所示。

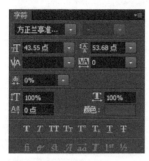

图 12-159　　　　　　　　　　　　　　图 12-160

11 单击横排文字工具，在画面中单击，设置字体颜色为红色（色值为"R217 G52 B46"），分别输入"¥"和"399"。在"字符"面板中，对文字的字体、字号、颜色、间距等进行设置，选中"¥"图层，设置一个较细的字体并将字号调小，如图 12-161 所示，选中"399"图层，设置一个较粗的字体并将字号调大，如图 12-162 所示。通过大小对比，凸显价格，增强设计感，效果如图 12-163 所示。

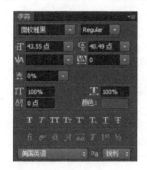
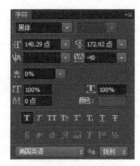
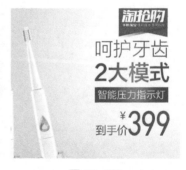

图 12-161　　　　　　　　图 12-162　　　　　　　　图 12-163

12 双击"¥"图层名称后面的空白处，打开"图层样式"对话框，为该图层添加"描边"和"投影"样式。设置如图 12-164 所示，效果如图 12-165 所示。

13 将"¥"图层的"描边"和"投影"样式复制到"399"图层上。在"图层"面板中单击"描边"样式，将描边"大小"设置为 4 像素，参数设置如图 12-166 所示，效果如图 12-167 所示。

14 对赠品进行排版。将文件夹中的"麦香漱口杯""健龈止血牙膏""2 个替换刷头"素材，以"置入嵌入的对象"的方式添加到当前文件中，使用移动工具排列至合适位置，效果如图 12-168 所示。

图 12-164

图 12-165

15 使用横排文字工具，设置与价格一样的颜色，在赠品之间输入"+"，按"Ctrl+J"组合键复制加号，移动至合适位置，添加"+"表示购买该产品时有这3款赠品可同时赠送。为加号所在图层添加"描边"样式，设置如图 12-169 所示，效果如图 12-170 所示。

图 12-166

图 12-167

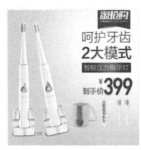

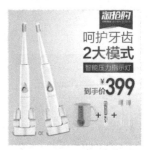

图 12-168

图 12-169

图 12-170

16 输入赠品名称。为了凸显文字，在输入前先制作一个平行四边形，使用矩形工具，在选项栏中设置"填充"为蓝色（色值为"R37 G47 B144"），"描边"为无颜色，在第一款赠品的下方绘制矩形，如图 12-171 所示。使

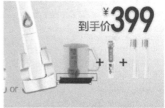

图 12-171

图 12-172

用直接选择工具选中上面两个锚点，按"→"键向右平移，完成平行四边形的绘制，效果如图 12-172 所示。

17 使用横排文字工具，设置颜色为白色，在平行四边形上方输入文字"麦香漱

口杯",文字设置如图 12-173 所示,效果如图 12-174 所示。

图 12-173

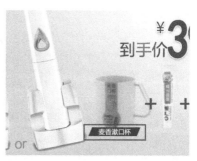

图 12-174

18 赠品是同一级的,赠品名称的排列方式应统一,这样会让人觉得特别整齐、有规律。选中平行四边形和"麦香漱口杯"图层,按"Ctrl+J"组合键复制图层并移动至第二款赠品下方,再按"Ctrl+J"组合键复制图层并移动至第三款赠品下方,如图 12-175 所示。然后将第二款赠品和第三款赠品的名称更换为正确的名称,最终效果如图 12-176 所示。

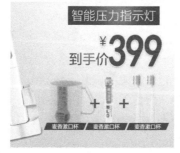

图 12-175

图 12-176

12.10 综合实训:网店首屏海报设计

素材: 第 12 章 \12.10 综合实训:网店首屏海报设计

微课视频

实训要求

设计一款网店首屏海报,要求色彩明亮,能够吸引顾客。

实训目标

熟练掌握文字工具、蒙版、图像颜色与色调的调整等功能的使用方法。

制作完成后的效果如图 12-177 所示。

操作步骤

01 根据设计要求创建文件。新建一个大小为 1920 像素 ×1000 像素、"分辨率"为 72 像素 / 英寸、"颜色模式"为 RGB 颜色、名称为

图 12-177

"网店首屏海报设计"的文件，设置前景色的色值为"R253 G238 B237"（浅色豆沙粉色适合表现春季活跃的气息），再为背景添加一个淡雅的颜色，效果如图12-178所示。

图12-178

02 本例的首屏海报主推春装，将海报宣传语以及促销时间安排在画面左侧；海报主图（服装模特）安排在版面中间偏右位置，使其更醒目；通过使用之前讲述的方法，将服装模特图的色调处理成与右侧背景图底色一致的色调并将服装模特放在版面中间偏右位置，这样既能丰富背景又能突出主图；最后在版面的右侧加一段描述性文字用于烘托主题。先将主图添加到版面中。打开文件夹中的"人物1"素材（该图使用"通道"进行抠图，方法详见第9章，文件夹中包含原图，可用于抠图练习），使用移动工具将"人物1"拖动至当前文件中，缩放至合适大小，放置在画面的黄金比例位置（黄金比例是一种特殊的比例关系，也就是0.618：1。符合黄金比例的画面具有美感，会让人觉得和谐、醒目）。为该图层添加"投影"样式，让人物有一定的立体感，参数设置如图12-179所示，效果如图12-180所示。

图12-179

图12-180

03 在"人物1"图层的下方，创建一个图层，使用矩形选框工具在主图的左侧绘制选区，填充为深色豆沙粉色，色值为"R236 G109 B86"。打开文件夹中的"花纹"素材，将其添加当前文件中，并移动到"深色豆沙粉色底"图层的上方，将图层的"混合模式"设置为滤色，用于装饰该色块，使其不单调，效果如图12-181所示。

04 打开文件夹中的"人物2"素材，将其添加到当前文件"人物1"图层的下方，并移动到"人物1"的右侧，效果如图12-182所示。

图12-181

图12-182

05 将"人物 2"处理成单色效果，使其与背景颜色相统一。单击"调整"面板中的"创建新的渐变映射调整图层"按钮█，创建"渐变映射"调整图层。在其"属性"面板中单击"渐变色条"，如图 12-183 所示，在弹出的"渐变编辑器"对话框中设置渐变颜色，双击渐变色条左侧色标，打开"拾色器"对话框，将其设置为深色豆沙粉色（色值为"R236 G109 B86"），将右侧色标设置为白色（色值为"R255 G255 B255"），如图 12-184 所示，设置完成后单击"确定"按钮。

图 12-183

图 12-184

06 由于调整图层的调整效果会影响它下方的所有可见图像，因此使用"渐变映射"调整图层后，除"人物 2"调整图层外，其下方的其他图像也都发生了变化，如图 12-185 所示，想要单独对"人物 2"调整图层添加"渐变映射"样式，就需要将该调整图层以剪贴蒙版的方式置入"人物 2"图层。选中"渐变映射"调整图层，然后执行菜单栏中的"图层">"创建剪贴蒙版"命令，效果如图 12-186 所示。将"人物 2"处理成单色效果，既能充实画面、突出主图，又能让版面看起来更有层次。

图 12-185

图 12-186

07 打开文件夹中的"光影"素材，并将其添加到当前文件中，移动至"背景"图层的上方，将图层的"不透明度"设置为 50%，效果如图 12-187 所示。为该图层添加图层蒙版，将画面右侧隐藏一部分，使画面亮度均匀一些，效果如图 12-188 所示。

08 新建一个图层，命名为"基底图层"。使用矩形选框工具在画面中单击绘制选区并填充白色。为该图层添加"投影"样式，参数设置如图 12-189 所示，效果如图 12-190 所示。

图 12-187 　　　　　　　　　　　　　图 12-188

图 12-189

图 12-190

09 将"基底图层"移动到"背景"图层的上方，同时选中"花纹""深色豆沙粉色底""光影背景"这 3 个图层，执行菜单栏中的"图层" > "创建剪贴蒙版"命令，将这 3 个图层以剪贴蒙版的方式置入"基底图层"，如图 12-191 所示。将"人物 1""人物 2"图层与"基底图层"进行底对齐，效果如图 12-192 所示。这样画面上下留出对等的窄边，主图人物在画面中不会有压迫感，同时留出的窄边能增加画面的层次感。

图 12-191

图 12-192

10 输入左侧文字，横向排列，将文字字体、大小设置得差异较大，这样可以创造活泼、对比强烈的设计版面。使用横排文字工具，在其选项栏中设置合适的字体、字号、颜色，在画面中以"点文本"的方式输入广告文字，效果如图 12-193 所示。

图 12-193

12.11 综合实训：音乐类 App 首页设计

素材： 第 12 章 \12.11　综合实训：音乐类 App 首页设计

微课视频

实训要求

音乐类 App 首页应图文清晰、功能全面，使用较淡的配色。

实训目标

熟练掌握形状工具、图层样式等功能的使用方法。

制作完成后的效果如图 12-194 所示。

操作步骤

01 新建一个宽 750 像素、高 1334 像素，"分辨率"为 72 像素 / 英寸，"颜色模式"为 RGB 颜色，名为"音乐类 App 首页设计"的文件。

02 创建参考线对首页进行划分。设置左边距和右边距为 30 像素。在上边距为 40 像素处添加一条参考线以划分"状态栏"，在下边距为 119 像素处添加一条参考线以划分"导航栏"。在上边距为 76 像素处添加一条参考线，在上边距为 128 像素处添加一条参考线，这两条参考线之间的区域为"标题栏"。"标题栏"与"导航栏"之间的区域为"功能操作区"，如图 12-195 所示。

03 设定状态栏，状态栏是用于显示手机目前运行状态及时间的区域，主要包括运营商、网络信号强度、时间、电池电量等要素。将素材文件中的"信号圈""信号源""Wi-Fi""电池"图标，一个一个添加进来，然后输入运营商信息、时间、电量（文字设置参见视

效果图

图 12-194

状态栏

标题栏

功能操作区

导航栏

图 12-195

图 12-196

频），效果如图12-196所示。选中状态栏中的所有图层，单击"图层"面板下方的"创建新组"按钮进行编组，命名为"状态栏"，完成状态栏的设定。

04 设定导航栏，导航栏是对App的主要操作进行宏观操控的区域，方便用户切换页面。将素材文件夹中的"首页""收藏""更多""下载""我的"图标，一个一个添加到当前文件中。然后在部分图标下方输入对应的文字（文字设置参见视频），效果如图12-197所示。选中导航栏中的所有图层，单击"图层"面板下方的"创建新组"按钮进行编组，命名为"导航栏"，完成导航栏的设定。

05 设定标题栏，标题栏包含信息、搜索和历史功能。将素材文件夹中的"信息""搜索""历史"图标，一个一个添加进来。使用椭圆工具在"信息"图标的右上方绘制一个红点，表示有新消息未查看。使用圆角矩形工具在"搜索"图标的下方绘制一个

图 12-197

559像素×55像素，圆角为27.5像素的白色圆角矩形，相关设置如图12-198所示，并为该图层添加"内发光"和"投影"样式，如图12-199和图12-200所示，然后在圆角矩形上方输入推荐搜索的内容，如图12-201所示。选中标题栏中的所有图层，单击"图层"面板下方的"创建新组"按钮进行编组，命名为"标题栏"，完成标题栏的设定。

图 12-198

图 12-199   图 12-200   图 12-201

06 设定功能操作区。先制作卡片，该模块设置为可以左右滑动浏览卡片内容。使用圆角矩形工具，绘制圆角为10像素的灰色圆角矩形，然后按两次"Ctrl+J"组合键，复制两个圆角矩形。同时选中复制的两个圆角矩形，按"Ctrl+T"组合键将这两个圆角

图 12-202

矩形等比例缩小，分别移动到画面的左侧和右侧，如图 12-202 所示。

07 将素材文件夹中的"图 1""图 2""图 3"，添加到当前文件中。将"图 1"以剪贴蒙版的方式置入中间的圆角矩形，将"图 2"以剪贴蒙版的方式置入左侧的圆角矩形，将"图 3"以剪贴蒙版的方式置入右侧的圆角矩形，如图 12-203 所示。选中卡片的所有图层，单击"图层"面板下方的"创建新组"按钮进行编组，命名为"卡片"，完成卡片的设定。

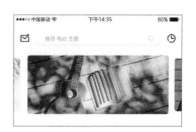

图 12-203

08 将素材文件夹中的"乐库""歌单""电台""视频""音乐圈"图标，添加到当前文件中，然后在图标下方输入对应的文字（文字设置参见视频）。当前"乐库"按钮为选中状态，与未选中的按钮从颜色上进行区分。在该按钮下方绘制横线。选中这 5 个图标及其对应文字的图层并进行编组，命名为"任务按钮"。效果如图 12-204 所示。

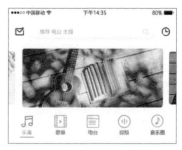

图 12-204

09 在"卡片"图层组和"任务按钮"图层组的下方，创建一个白色矩形，并为该图层添加"投影"样式，增强此模块的立体感，相关设置如图 12-205 所示，效果如图 12-206 所示。该图层起到分割版面的作用，在"图层"面板中单击🔒按钮，将该图层锁定，这样可以避免在操作过程中该图层被移动或更改，如图 12-207 所示。

图 12-205

图 12-206

图 12-207

10 在"乐库"按钮下添加功能。在画面左侧输入"猜你喜欢"，在右侧输入"更多"，然后在"更多"的右侧绘制一个开放箭头，如图 12-208 所示。选中"猜你喜欢""更多"和"开放箭头"图层，按"Ctrl+J"组合键复制，然后使用移动工具将复制的图层向下移动，如图 12-209 所示，使用横排文字工具，将复制的"猜你喜欢"文字替换为"优质电台"，如图 12-210 所示。

11 在"猜你喜欢"的下方绘制 3 个圆角矩形，如图 12-211 所示。将素材文件夹中的"图 4""图 5""图 6"添加到当前文件中。将"图 4"以剪贴蒙版的方式置入左侧的圆角矩形，将"图5"以剪贴蒙版的方式置入中间的圆角矩形，将"图6"以剪贴蒙版的方式置入右侧的圆角矩形，如图12-212所示。

图 12-208　　　　　　图 12-209　　　　　　图 12-210

12 在图片的下方输入歌名和出处（文字设置参见视频），如图12-213所示。将"猜你喜欢"功能区的文字和图片编组，命名为"猜你喜欢"。

图 12-211

图 12-212

图 12-213

13 使用圆角矩形工具，在"优质电台"的下方绘制圆角矩形（圆角矩形设置参见视频），并为该图层添加"投影"效果。参数设置如图 12-214 所示，效果如图 12-215 所示。

14 使用椭圆工具，在圆角矩形的下方绘制圆形，并为该图层添加"斜面和浮雕""描边""内阴影""渐变叠加"样式。参数设置如图 12-216~ 图 12-219 所示，效果如图 12-220 所示。

15 在上一个圆形的基础上再绘制一个圆形，将素材文件夹中的"图7"添加到当前文件中，并将它以剪贴

图 12-214

图 12-215

图 12-216

图 12-217

图 12-218

图 12-219

图 12-220

蒙版的方式置入新绘制的圆形,效果如图 12-221 所示。在圆角矩形的左上方绘制一个红色圆形和一个灰色圆角矩形,如图 12-222 所示。

图 12-221

图 12-222

16 在画面的右侧绘制两个圆形,将素材文件夹中的"图 8""图 9"添加到当前文件中,并将它们以剪贴蒙版的方式分别置入两个圆形,如图 12-223 所示。在圆角矩形右侧的功能操作区中输入文字"咖啡厅""场景""心情"(文字设置参见视频),如图 12-224 所示。然后将"优质电台"下方的功能操作区中的图形和文字编组,命名为"优质电台",并将它移动到导航栏图层的下方,如图 12-225 所示。

图 12-223   图 12-224   图 12-225

17 为界面区分模块。在导航栏下方绘制一个白色矩形"矩形 2",并为其所在图层添加"投影"样式,参数设置如图 12-226 所示,图层面板的效果如图 12-227 所示。选中背景图层,填充灰色(色值为"R250 G250 B250"),然后在"猜你喜欢"图层组和"优质电台"图层组的下方分别绘制一个白色矩形——

图 12-226

图 12-227

"矩形 3"和"矩形 4"，并在"图层"面板中单击 按钮，将图层锁定。此时，完成音乐 App 首页的设计，效果如图 12-228 所示。

图 12-228

没有规矩，不成方圆。

俗话说："没有规矩，不成方圆。"生活中处处需要规则。人们遵守规则，生活才会有秩序，否则就会乱成一锅粥。为了保证我们在良好的环境中快乐地学习、健康地成长，学校制定了各种纪律和行为规范。它们就像校园里的"红绿灯"，时刻提醒我们要注意自己的言行。